物含妙理

包景东 著

像费恩曼那样机智地教与学

清华大学出版社

北京

内 容 简 介

本书尝试剖析诺贝尔物理学奖获得者、被誉为"科学怪才、教育楷模"的费恩曼(R. P. Feynman)先生的多重性。回顾他的成长过程、历数他的十大贡献、总结他的教学风格。学着像他那样思考和处理问题,即重视相关性、类比性和思想实验。本书结合普通物理的有趣案例,设计了"追本溯源,道破天机;逻辑分析,想象助力;意料之外,情理之中;触类旁通,悟出真谛;他山之石,可以攻玉;学术争论,求实为先;思想之魂,启迪未来"等10章。特别为《费恩曼物理学讲义(第1卷)》配备了100道问题及分析;还可通过扫描二维码获取相关内容的授课录像和扩展材料。

本书适合作为高校各专业本科生学习大学物理及通识课程的辅导用书,大中学物理教师改进教学方法的参考资料,也可作为广大读者了解科学美学的有益读本。

图书在版编目(CIP)数据

物含妙理: 像费恩曼那样机智地教与学/包景东著.—北京:清华大学出版社,2018 (2020.10 重印)
ISBN 978-7-302-50445-0

Ⅰ.①物… Ⅱ.①包… Ⅲ.①物理学-教学研究-高等学校 Ⅳ.①O4

中国版本图书馆 CIP 数据核字(2018)第 117147 号

责任编辑:鲁永芳
封面设计:常雪影
责任校对:赵丽敏
责任印制:杨 艳

出版发行:清华大学出版社
网 址:http://www.tup.com.cn, http://www.wqbook.com
地 址:北京清华大学学研大厦 A 座 邮 编:100084
社 总 机:010-62770175 邮 购:010-62786544
投稿与读者服务:010-62776969, c-service@tup.tsinghua.edu.cn
质量反馈:010-62772015, zhiliang@tup.tsinghua.edu.cn
印 装 者:北京鑫海金澳胶印有限公司
经 销:全国新华书店
开 本:170mm×240mm 印 张:14 字 数:209 千字
版 次:2018 年 6 月第 1 版 印 次:2020 年 10 月第 4 次印刷
定 价:48.00 元

产品编号:079118-01

2018 年是诺贝尔物理学奖获得者费恩曼 (R. P. Feynman) 诞辰 100 周年。在我们迈向高等教育强国的新时代，重温这位"科学怪才、教育楷模"的成长途径、思维方式及研究风格，非常具有借鉴意义。

诺贝尔物理学奖获得者杨振宁先生在多次谈话中比较了中美教育方式的不同。他提到中国传统教育提倡按部就班的教学方法，这有利于学生打好根基。美国提倡"渗透式"或称为"体会式"的教育方式，其特点是让学生在过程中一点一滴地学到许多东西。费恩曼轻描淡写地讲清楚了后者：的确，一个学者在一门课程中所作的全部论证，并不是他一年级从学习大学物理时就记住的。完全相反：他只记得某某是正确的，而在说明如何去证明的时候，需要的话，他就自己想出一个证明方法。无论哪个真正学过一门课程的人，都应遵循类似的步骤去做，而死记证明是无用的。国际物理教育奖章获得者赵凯华先生认为，中美两种教育方法各有特色，若能将两者的优点和谐统一起来，则在物理教育上是一个突破。突破的结果应该是达到我国古代思想家和教育家孔子所言的"有教无类""因材施教"的境界，也就是费恩曼所期待的两点：

(1) 对于班级中最聪明的学生而言，试图使所有的陈述尽可能准确，在每种场合都指出有关公式和概念在整个物理学中占什么地位，以及应该作出哪些修正；

(2) 也希望照顾到另一些学生，对他们来说，这些额外的五花八门的内容和附带的应用只会使他们烦恼。对这些学生，我希望至少有一个他能够掌握的中心内容或主干材料。

费恩曼最反对的是"用字解释字"，即望文生义，因为这种简单的做法没有提供更多有用的信息，而是希望能跳出原来的命题，用生动的实例，用建立"思想实验"和类比的方法，借助于已知现

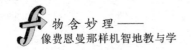
象来解释新的现象。在费恩曼看来，这是数学物理学的伟大艺术。所以，他自豪地表白：科学真正的荣光在于我们能够找到一种思想方法，使得定律成为明显的。如果可能的话，赋予自然以某种机制，但又不至于预言其他实际不存在的现象。在你着手做实际的实验或者大规模的计算之前，不妨先考虑做一个"思想实验"(ideal experiment)。之所以要选它，是因为它易于想象。费恩曼将这种实验定义为："就是所有的初始条件和最终条件都完全确定，没有我们无法计及的任何外来影响的实验。"显然，这依赖于你的知识储备和批判性思维能力。

批判性思维是培育创新性能力的前提，指的是能抓住要领、善于质疑辨析、基于严格推断、富于机智灵气、清晰敏捷的思维。孙中山先生为中山大学题写的校训："博学、审问、慎思、明辨、笃行"，是诸多校训中最能体现这一思维的范式。物理学的发展历程及对它的研学，为人们养成合理的批判性思维意识提供了广阔的平台。所以，像费恩曼那样生动幽默并辅以批判性思维地进行教与学是新时代的要求，其关键的要素是事例加上对事业的激情。

有关费恩曼先生的传记 [1]、讲义 [2-4]、专题 [5-10] 和评论等，已有很多。作者基于追随和研究费恩曼科研 [11,12] 和教学 [13] 思想的二十余年积累，希望能够提纲挈领地探讨并渗透式地应用费恩曼的物理思想，可以归纳为一句话：科学的怀疑精神、做事的求实态度和区分真善的能力。本书大多数素材和问题来源于大学低年级的物理课程，不仅因为它的基础性和先导性，更重要的是力学问题明确而具体，物理原理清晰而简单，数学运用直接而有趣。

书中若有不当和疏漏之处，请广大教师和读者不吝指正。

本书得到国家自然科学基金重点项目 (11735005)、面上项目 (11575024)，教育部国家精品视频公开课建设项目，北京市教育委员会教学名师共建项目，北京师范大学研究生院"科学方法论"、教务处"大规模在线课程"等课题的资助，谨致谢忱。

📖 扩展阅读：P1. 费恩曼风格在物理教学中的现实意义

包景东

2018 年 4 月于北京师范大学

目录

授课录像和扩展阅读目录

第1章 科学怪才、教育楷模

1.1　走近费恩曼

1988 年 2 月 16 日,诺贝尔物理学奖获得者、美国加州理工学院理论物理教授理查德·费恩曼先生不幸与世长辞,2018 年是这位伟大物理学家诞辰 100 周年。费恩曼思想的光辉指引着后人:不做世界的观光客,而是科教的探险者。为了开卷有益,本书首先摘录两个关于他的简介,一个是他本人写的,另一个是时任康奈尔大学教务长戴尔·科尔森 (Dale R. Corson) 为 1964 年度梅森哲讲座所作的介绍词。

1.1.1　他的自撰和他人写的介绍

一、费恩曼自传 [5]

我一生的几个事实:我于 1918 年出生在纽约郊区的一个名叫法罗克维的小镇子,靠海边。我在那儿一直生活到 1935 年,那时我 17 岁。我到麻省理工学院待了四年,然后,大约是 1939 年,我到了普林斯顿大学。在普林斯顿那段时间,我开始参加"曼哈顿计划",最后在 1943 年 4 月到了洛斯阿拉莫斯,一直待到 1946 年 10 月或者 11 月的样子,我到了康奈尔大学。

我在 1941 年和阿琳结婚。我在洛斯阿拉莫斯期间,1946 年,她死于肺结核。

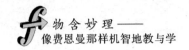
我在康奈尔大学一直待到大约 1951 年。1949 年夏天，我访问了巴西，1951 年又在那儿待了半年，然后到了加利福尼亚理工学院，以后就一直待在那儿。

1951 年末我在日本待了几个星期，一两年后，我和我的第二任妻子玛丽·露又去了趟日本。

我现在和格温妮丝结了婚，她是英国人。我有两个孩子，卡尔和米歇尔。

二、他人的介绍词 [6]

康奈尔大学教务长戴尔·科尔森为 1964 年度梅森哲讲座所作的介绍词。

女士们和先生们，我很荣幸地介绍梅森哲讲座的演讲者，加利福尼亚理工学院的费恩曼教授。费恩曼教授是一位杰出的理论物理学家，他在从标志着战后物理学突飞猛进时期的大混乱中整理出头绪来的工作里，作出了重大的贡献。在他所得到的许多荣誉和奖励中，我只需提 1954 年的爱因斯坦奖就够了。这是一个每三年颁发一次的奖项，包括一枚金质奖章和一笔可观的奖金。

1944 年他被任命为康奈尔大学的助理教授，虽然在战争结束之前他没有到任。我想看看他在被康奈尔任命的时候人们是怎样说他的，这也许是一件有趣的事情。因此我在我们大学的董事会会议记录里寻找……而那里根本没有关于他任命的记录。不过，却有大约 20 份关于他请假、提薪和升职的文件留在里面。其中一份文件特别引起了我的兴趣。1945 年 7 月 31 日，物理系主任致函给文学院的院长说："费恩曼博士是一位出色的教师和研究人员，像他这样的人才是很罕见的。"系主任提出，像费恩曼这样的一位杰出教授，年薪三千美元是少了一点，建议给费恩曼的年薪增加九百美元。而那位院长则以不寻常的慷慨大度，并且完全不顾学校出不出得起，大笔一挥将九百美元这几字划掉，改成了一千美元。你们可以由此看到，我们甚至在那时就已经高度评价费恩曼教授了！费恩曼于 1945 年底到我们这里上任，并且在我们的教授队伍里度过了富有成效的 5 年。他在 1951 年离开了康奈尔去了加州理工学院，此后一直留在那里。

在我请他演讲之前，我想告诉你们一点他的事情，三四年前，他在加州理工学院开始讲授一门基础物理学课程，又博得了广泛的声誉——他的讲义迄今出版了三卷，为物理学的教育带来了耳目一新的方式。

除了大家都知道的那样，费恩曼还会演奏邦戈鼓，他的另一个长处是开保险箱。传说他有一次打开了一处保密设施里的一个锁好了的保险箱，拿走了一份机密文件，并且留下了一张条子，上面写着"猜猜是谁？"

1.1.2　费恩曼学说中国话

众所周知费恩曼具有语言天赋，喜爱学习也会说多种语言，如葡萄牙语和日语等，但殊不知他在学说中国话时出了洋相。费恩曼在美国政府的一个项目资助下，两次去巴西休假和讲学，期间他玩儿命学当地的语言，想用葡萄牙语讲物理课。

当他回到加州理工学院，接到一个参加巴舍尔 (Bacher) 教授做东的聚会请束。在费恩曼到来之前，巴舍尔告诉人们："费恩曼这个家伙，学了几句葡萄牙语，就自以为聪明，咱们大家修理修理他。史密斯太太，是位在中国长大的白种人，让她用中国话和费恩曼打招呼。"

费恩曼被蒙在鼓里，溜达着来参加聚会。巴舍尔把费恩曼引荐给大家说："费恩曼先生，这位是某某先生。"

"请来会会费恩曼先生。"

"你好！费恩曼先生。"

"这位是史密斯太太。"

"哎，您好！"她一边说，还一边鞠躬。

费恩曼吓了一跳，他琢磨着，怎么回事，这位女士这么客气，也只好以同样的姿势回敬了。费恩曼礼貌地向史密斯太太弯弯腰，信心十足地说："啊，坣好！"

"哦，我的上帝！"她自己禁不住叫了起来。"我就知道会这样——我说普通话，他说广东话！"

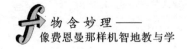

1.2　费恩曼的成长轨迹

1918 年 5 月 11 日，理查德·菲利普·费
恩曼 (Richard Phillips Feynman) 出生于美
国纽约市郊的一个犹太移民家庭。他的父亲
梅维尔·费恩曼 (Melville Feynman) 是幼年
随父母从俄罗斯迁到美国的，后来从事制服
销售生意。他的母亲露西尔·菲利普 (Lucille
Phillips) 基本上待在家里操劳家务。理查德是
他们的长子，后来，费恩曼有了一个比他小 9
岁的妹妹琼 (Joan)(图 1-1)。

图 1-1　费恩曼全家福

1.2.1　碰到难题不解开绝不罢休

费恩曼小时候常常由父亲带到曼哈顿的自然历史博物馆参观。父亲还让他
玩各种益智游戏，例如不同颜色的小瓷片，按照一定的间隔规则，看看能够排出
什么花样来，并且把这个游戏当作基本的数学训练。

父亲教导他，事物本身是不重要的，重要的是怎样去发现它们，要想了解
事物的本质，就要到大自然里去。他在只有几岁大玩儿玩具小车的时候，注意
到在小车启动时，车厢上的小球会向后滚，而当小车突然停止时，球总是向前
滚。费恩曼问他的父亲为什么，得到的回答是："普遍的规律是任何运动着的物
体倾向于继续运动，而静止的物体则倾向于保持静止。人们把它称为'惯性'
(图 1-2)。"这样就使费恩曼不仅晓得"惯性"这个名词，而且也掌握了它的本
质。又如，当父亲带着费恩曼到树林中散步，观察一些鸟雀时，父亲告诉他："不
仅要知道鸟的名称，关键还要知道这只鸟在做什么，这才有意义。"父亲还常
提出诸如鸟儿为什么经常用嘴整理身上的羽毛，和有些树叶上为什么会有一
道弯曲的痕迹等问题同他讨论。虽然父亲对一些问题的解释在细节上未必正
确，甚至完全可能是胡编瞎猜的，但费恩曼认为："他试图向我解释的想法，是

4

生活当中有趣的部分。这种追根寻源的做法无论有多么复杂，主要点在于坚持
下去。"

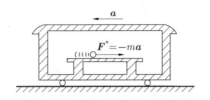

图 1-2　费恩曼在孩提时就知道存在惯性力

　　费恩曼后来回忆道："这就是父亲教育我的方式。这种 教育是通过举例和讨
论进行的，它完全没有压力，而只是一种令人愉快的和饶有趣味的讨论。这种精
神在我的一生中一直鼓励着我，并使我对所有科学都感兴趣。"

　　费恩曼上初中时，有幸遇到了优秀的数学、物理和化学教师。有一次高中物
理老师贝德 (A. Bader) 看到费恩曼一副不满足的神态，便对他说："看来你有点
不耐烦，我要给你讲点有趣的东西。"这位教师讲的实际上是质点力学里的最小
作用量原理，即质点在初始位置到终止位置之间，拉格朗日量 (其等于动能减去
势能) 对时间的积分，对于实际路径来说取最小值。费恩曼对此具有强烈的兴
趣，对这一原理的偏爱，一直支配着他日后的研究方向。

　　费恩曼在高中阶段最着迷的科目是数学，他不满足于课内的进度，自学了
解析几何和微积分等。他参加了班上的一个代数小组，与其他学校进行比赛。此
外，总有一些同学拿着这样或那样的数学习题来找费恩曼，而他不把那些难题解
出来，是不会罢休的。实际上，费恩曼的数学直觉和解决问题的非凡洞察力，起
初就是通过这样一系列的训练活动培养出来的。

　　费恩曼的另外一个天赋是他的动手能力。小的时候，他就在家里动手做各种
各样的小实验。他自己装过简单的机电和光电控制电路，摆弄过矿石收音机。上
中学后，他又买到一些处理的残旧电子管收音机 (图 1-3)，自己摸索试着修理。
他逐渐对这些东西熟悉起来，技术颇有长进。少年费恩曼的名气慢慢在镇上传
开来，人们纷纷找他修理出了毛病的各式各样的收音机。后来，费恩曼还修理过

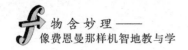

物含妙理——
像费恩曼那样机智地教与学

打字机等日用机器。这些少年时代的经验，不仅给日后从事实际工作带来好处，更重要的是培养了一种不屈不挠地解决问题的精神。他说："发现问题出在哪里，想办法修好它，这正是我感兴趣的，我这人碰到难题，总是不解开绝不罢休。"

图 1-3　20 世纪 30 年代美国"飞哥"牌电子管收音机

在家乡，费恩曼结识了比他小一岁多的女孩儿阿琳·洛林鲍姆 (Arline Greenbaurm)。一天，阿琳对费恩曼说："我们学到笛卡儿，哲学老师从'我思，故我在'这一命题出发，最后证明了上帝的存在。"费恩曼马上说："这是不可能的。"他已经从父亲那里学会了不必盲从权威，对于不管是谁说的话，都要自己去分析和判断。

费恩曼终于说服了阿琳，但她又提起另外一个问题："我的老师告诉我们，'每一个问题都有两个方面，就像每一张纸都有正反两个面一样'。"费恩曼立即回答说："你讲的这个问题也有正反两个方面。"阿琳吃惊地问："你这是什么意思？"

原来，费恩曼在《不列颠百科全书》里读到过关于莫比乌斯带 (图 1-4) 的知识。他拿来一条纸条，先铺平了再把它的两端相对扭转 180 度，最后粘成一个环带。这样做出来的莫比乌斯带是只有一个面的几何体。

费恩曼的演示使阿琳觉得很好玩。第二天上课的时候，她把它带到课堂上去。当哲学老师拿起一张纸，说任何问题都像一张纸一样有正反两个方面的时候，阿琳取出了她事先带来的纸环，举手发言说："先生，甚至你的那个问题也是

6

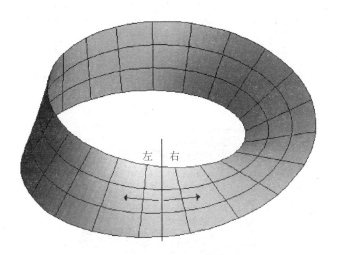

图 1-4　用来说明事物两面性的莫比乌斯带

有正反两个方面的 (即也许对也许错)，这就是只有一个面的纸带。"结果，整个教室为之轰动。

后来，阿琳生病了，迫于医务人员和双方家长的压力，费恩曼一度违心地向阿琳隐瞒了病情。当她终于从费恩曼口中知道了真相时，第一个反应不是责怪他，而是脱口而出："天哪！他们让你遭了多大的罪啊！"因为阿琳知道，让费恩曼说谎话是多么的困难。

1942 年春天，这时候费恩曼和惠勒都已分别参加了战时的军事工作。费恩曼用了六个星期的时间，赶写了题为《在量子力学中的最小作用原理》的博士论文，在同年 5 月通过了学位论文。尔后，费恩曼就义无反顾地向家人宣布，他要同阿琳结婚，家人和朋友都反对。而费恩曼回答他们说："如果一位丈夫知道他的妻子患上了肺结核就离开她，难道这是一种合乎情理的做法吗？"费恩曼觉得，只有成为丈夫而不再仅仅是未婚夫，才能更好地照顾病中的阿琳 (图 1-5)。

1945 年 6 月，阿琳病危，费恩曼匆匆赶到离他工作的普林斯顿不远的新泽西州，当初费恩曼为了便于照看阿琳，把她安置在此处的一所慈善医院。阿琳已经呼吸困难，昏迷不醒。几个小时后，费恩曼目送她永远离去。

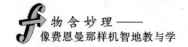
费恩曼回到了洛斯阿拉莫斯 (Los Alamos)，对前来慰问的同事简单地说："她去世了，而任务进行得怎么样了？"他如常工作。一个月后的一天，费恩曼走过一家百货商店，看到橱窗里的一套漂亮衣服，忽然想到阿琳一定会喜欢的时候，才禁不住泪流满面。

图 1-5　她就是阿琳，费恩曼第一任妻子、心中的那盏灯

1.2.2　求学历程

1935 年秋，17 岁的费恩曼中学毕业，进入麻省理工学院 (MIT)。他起初填报的主修专业是数学。可是，就在第一个学期，听过一段时间的课之后，费恩曼就去找数学系主任，开门见山地咨询："学的这些高等数学，除了为学习更多的数学做准备之外，还有些什么用处呢？"那位主任回答说："你既然问了这样的问题，就说明你不属于数学系。"

费恩曼的这个疑问，现在看来也很有意思。学科的进展已使许多物理内容发生了革命性的变化，在高等教材以及教师授课中，应为读者或学生设计出一种尽可能的自给和完整的处理方法，从而连接好基础与发展的关系。

费恩曼想转到比较实际的工科专业去。不过，在一年级的时候，费恩曼同宿舍的两名高年级同学正在选修研究生课程"理论物理导论 (上)"。有一次，费恩曼看到那两位同学苦苦地讨论物理问题时，插话说："为什么不试一试用伯努利方程来求解呢？"问题果然得到解决，而这些知识是费恩曼以前自己从百科全书上看到的。类似的情况发生过多次，使他树立了信心，最后决定主修物理专业。

第二年，费恩曼除了正式学习刚才讲的那门课外，还选修了高年级和研究生的"电磁学理论"。主讲后一门课程的斯特拉顿 (J. A. Stratton) 教授很快就发现费恩曼是一名真正出类拔萃的学生。斯特拉顿在课堂上推导公式的过程中，如果出现卡住的情况，他就转向台下，让费恩曼上来帮助解决。而费恩曼就会走向黑板，指出改正什么地方便能继续推导下去。费恩曼的方法总是正确的，并且常常是机敏的。

费恩曼在 MIT 的四年学习期间，在多位名师的指导下，掌握了理论物理的不同方面，特别是他下苦功夫钻研了量子力学。最后，费恩曼在斯莱特 (J. C. Slater) 教授的指导下，完成了他的毕业论文《分子上的力》，他表现出了概念和计算两方面的突出才能。这一工作发表在美国《物理评论》[14] 上，其中包含了后来得到广泛应用的"赫尔曼–费恩曼定理"这一量子力学公式 (称之为定理似乎不妥，最好称为 H-F 公式)。

毕业之后，费恩曼起初想留在 MIT 继续深造。可是斯莱特教授坚持让费恩曼到别的学校去读研究生，对他说："你应该看看世界上其他地方是什么样子的。"于是费恩曼去了普林斯顿大学，准备做著名理论物理学家维格纳 (E. P. Wigner, 1902—1995) 的研究助理。费恩曼入学后，由于情况发生了变化，并没有师从维格纳教授，而是做了惠勒 (J. A. Wheeler, 1911—2008) 的助手 (图 1-6)。惠勒对物理学多方面的兴趣和敢想敢为的大胆风格，对费恩曼以后的研究起了决定性的作用。例如，惠勒向费恩曼讲到，所有物理过程的量子力学描写，都可以看成是由一系列相继的散射过程组成的。这无疑为费恩曼建立量子力学路径积分起到了导引性的作用。在 MIT 期间，费恩曼致力于电磁学的量子理

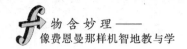

论 (量子电动力学) 的研究, 希望消除电磁场理论存在将电子视为点粒子, 其自能无限大的困难。费恩曼设想: 取消电磁场, 恢复电荷之间的超距作用, 同时为了反映电磁作用以光速传播的限制, 在时间上引入推迟效应。

(a)   (b)

图 1-6　费恩曼的两位老师: 维格纳教授 (a) 和惠勒教授 (b)

费恩曼把他的问题带到普林斯顿, 明白了他原来想法的缺点: 如果没有场, 电子在运动的时候, 将不会受到抵抗加速度的额外阻尼力, 那么就违反了能量守恒的要求。1941 年春天, 费恩曼将这一工作写成题为《辐射的相互作用》的初稿, 交给他的导师惠勒。1942 年春天, 惠勒重新进行整理和扩充, 把修改后的新稿子:《超距作用的经典理论 —— 作为辐射阻尼机制的吸收体反作用》返还给费恩曼。这个工作的主要部分, 以两人联名的形式发表在 1945 年的《现代物理评论》上。

费恩曼从这项工作中得到一个重大收获: 即使已经确立了的物理学理论, 也可以用完全不同的方法, 甚至是大家抛弃了的形式来重新表述。以至于他后来说:“一个理论如果可以用愈多不同的形式来表述, 那么就说明它愈具有基本的意义。”

经过不同文化的交流和碰撞, 费恩曼说:“我从不同的学校学到许多不同的东西, 我现在也经常劝我的学生这样做。要了解世界的其他部分是什么样的, 多样化的训练是很有益的。"诺贝尔物理学奖获得者惠勒后来也为之感慨:"大学里招生的理由是他们可以教那些教授,而费恩曼则是这些学生中的佼佼者。"这两个师生的聚合,真可谓相得益彰。高等教育从精英化走到大众化的今天,我们仍然要把惠勒的话当作教学相长的警言,学生听教师授课,反馈理解程度,循环互动。让我们勿忘"提不出问题比问题很多更可怕"。

总之,正如费恩曼自己所讲:"我有解谜的嗜好。这就是为什么后来我要去开保险箱,去辨认玛雅人的古怪文字的原因。"他从小就树立起这样的信念:人生的意义全在于努力揭开自然之谜。

1.3　费恩曼在科教上的成就

什么是费恩曼风格?一个最佳的描述是:它是对已有的人类智慧的尊敬和不敬的混合。

费恩曼最核心的工作是在量子电动力学 (QED) 方面,他的成就赢得了包括 1965 年诺贝尔物理学奖等荣誉。1900 年,德国物理学家普朗克指出,以前一直被看成波的电磁辐射,在与实物相互作用时,却又表现出像能量小包或"量子"那样的行为。这种特殊的量子后来称为"光子"。在 20 世纪 30 年代,量子力学有一个方案来描写带电粒子 (例如电子) 对光子的散射或吸收。但是,QED 的这种早期理论还是有缺陷的,在许多情况下,对非常确定的物理问题的计算却给出不协调甚至无穷大的结果。费恩曼在 20 世纪 40 年代末,致力于建立一个协调一致的 QED 理论。

为了把 QED 置于一个坚实的基础上,就必须使这个理论不仅同量子力学的原理协调一致,还要同狭义相对论的原理协调一致。量子力学和相对论各自有不同的数学方程,但它们联合或相消,就得到一个令人满意的量子电动力学表述。当然,这样做需要高超的数学技巧,费恩曼的同代人正是沿着这条路线做下去的。但是,费恩曼却采取了一个带有根本和激进性的路线,不用任何数学就能直接写出大致的答案。

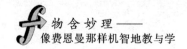

费恩曼发明了以他的名字命名的简单图形：费恩曼图 (图 1-7)。它是描绘电子、光子和其他粒子相互作用时所发生现象的一个很有启发性的简单符号方法。这与传统的理论物理研究方法令人吃惊地背离。

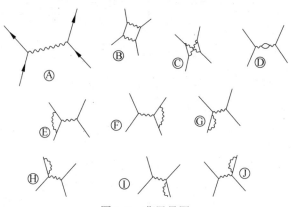

图 1-7 费恩曼图

正是费恩曼潇洒的生活态度 (一般地) 和搞物理的态度 (特别地)，使他成为一位优秀的教师。在合适的情况下，他能作非常精彩的演讲，里面充满了智慧的火花、深刻的洞察力和他在研究工作中表现出来的对传统的不敬。1988 年费恩曼因癌症去世时，他工作了大半辈子的加州理工学院的学生们打出了一面旗，上面简单地写着："我们爱你，迪克" (图 1-8)。

1965 年诺贝尔*物理学奖 [15] 授予了日本东京教育大学的朝永振一郎

---

*诺贝尔 (Alfred Bernhard Nobel, 1833—1896) 是瑞典一位发明家的儿子，他在他父亲的工厂里做实验时，发现当把甘油炸药分散在漂白土或木浆之类的惰性物质中时，可以更安全地处理。他还发明了其他炸药和雷管，并取得了这些发明的专利权。炸药用于当时的油田开发，因而诺贝尔获得了一笔巨额财产。诺贝尔终身未婚，被认为是一个有自卑感和孤独感的人，但他为人慈善，对人类的未来满怀希望。诺贝尔留下 900 万美元的基金，他在遗嘱中写道："这些基金的利息每年以奖金的形式发给那些在前一年中对人类作出最大贡献的人，上述利息分为相等的五部分：一部分奖给在物理学领域有最重要发现和发明的人；……"诺贝尔提出奖金只授予"前一年间"所做工作的这一规定，从一开始就未实行。这是因为推选委员会考虑到要确认一项成果对物理学的贡献的价值，往往需要许多年。诺贝尔奖不授予毕生的工作，而授予那些有特殊成果的工作。一位担任过诺贝尔化学奖委员会的主任曾写道："诺贝尔奖不能由于称之'科学上良好行为'而授予。有许多伟大人物，他们曾起到导师、组织者和鼓舞源泉的作用，但当要找出一项具体的贡献、具体的发明时，也许会一无所获。"同样众所周知，诺贝尔奖只授予活着的人，并且按照传统，没有任何一次授予三人以上的小组。有一位委员会主席感慨遴选诺奖这项工作繁难："你无法确定谁是最好的，因而唯一可行的是另外一种方法：即试图寻找一位特别值得推荐的候选人。"

图 1-8　"我们爱你，迪克"

(Sin-Itrio Tomonaga，1906—1979)，美国哈佛大学的施温格 (Julian S. Schwinger，1918—1994)(图 1-9) 和美国加州理工学院的费恩曼 (1918—1988)，以表彰他们在量子电动力学 (重整化理论) 所做的基础性工作，这些工作对基本粒子物理具有深远的影响。

　　量子电动力学是量子场论中最成熟的一个分支，它研究的对象是电磁相互作用的量子性质 (即光子的散射和吸收)、带电粒子的产生和湮灭、带电粒子间的散射、带电粒子与光子间的散射等。量子电动力学是从量子力学发展而来的，量子力学可以用微扰方法处理光的吸收和受激发射，但不能处理光的自发射。电磁场的量子化会遇到真空涨落问题。在用微扰方法计算高级近似时会出现发散问题，因而失去确定意义。他们三人用不同的独立方法，即使用"重整化"的概念，把发散量归入电荷与质量的重新定义中，殊途同归地解决了这一困难。这里"重整化"的意思就是用一定的步骤把微扰论积分中出现的发散分离出去，吸收到相互作用耦合常量及粒子的质量中，并通过重新定义相互作用耦合常量和粒子的

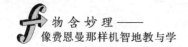

(a)　　　　　　　　　　　　(b)

图1-9　与费恩曼同年获得诺贝尔奖的日本人朝永振一郎 (a) 和美国人施温格 (b)

质量，来获得不发散的矩阵元，使计算结果与实验对比。结果成功地解释了兰姆移动和电子反常磁矩的实验。

费恩曼的主要研究领域是量子电动力学。除了《费恩曼物理学讲义》以外，以费恩曼名字命名的物理规律有："F-K 公式""费恩曼振幅""费恩曼传播子""费恩曼规则""费恩曼棘轮与爪"等。

1.3.1　历数十大贡献

费恩曼的十大科教贡献

费恩曼把他的一生，都献给了物理学的研究和教育事业。以下模仿朗道石碑，介绍他的一些主要成就。其中，括号里的年份为费恩曼正式在刊物上发表论文的时间。现按照费恩曼本人认可的重要性，将成果从高往低排序。

一、费恩曼物理学讲义 (1965 年)

费恩曼认为他对物理学最重要的贡献不是量子电动力学，或超流理论，或极化子，或部分子，他的首要贡献是三卷《费恩曼物理学讲义》。它们已被译成10

种不同的语言，并且还有四种双语版。该书起因于 20 世纪 60 年代，美国大学物理教学改革试图解决的一个主要问题是：基础物理教学应尽可能反映近代物理的巨大成就。这三卷讲义中对许多问题的处理，反映了费恩曼自己以及其他在前沿研究领域工作的物理学家所惯常采用的分析方法。费恩曼在前言中写道："我讲授的主要目的，不是帮助你们应付考试，也不是帮助你们为工业和国防服务。我最希望做到的是，让你们欣赏这奇妙的世界以及物理学家观察它的方法。"全书是根据费恩曼课堂讲授的录音整理编辑而成，因而保留了费恩曼的生动活泼、引人入胜、论述精辟和富于启发的独特风格。

二、弱相互作用理论 (1958 年)

费恩曼受李政道和杨振宁于 1956 年发表的关于基本粒子弱相互作用宇称不守恒的工作启发，他与诺贝尔物理学奖获得者、被誉为夸克之父的盖尔曼 (Murray Gell-Mann, 1929—　) 合作，阐述了弱作用的"普适 V-A 理论"，这里 V 代表矢量，A 代表轴矢量。提出了"矢量流守恒"的假设，这里指的是，中子 β 衰变的矢量耦合常数与 μ 子衰变矢量耦合常数相等。费恩曼对他的这一成果非常得意，觉得："这是我第一次发现一条新的定律。"所以，本书把它列在第二位。

三、路径积分 (1948 年)

费恩曼在 1947 年春天对他的博士论文进行了修改，使之成为一种普遍性的理论。这篇发表在 1948 年《现代物理评论》上，题为《非相对论性量子力学的时间 —— 空间方法》的总结性论文，第一次公开阐述他所创立的量子力学路径积分方法，即把从初始态到终末态的，所有在空间 — 时间中的可能路径所贡献的振幅都叠加或者积分起来，以构成总振幅。费恩曼实际上找到了建立量子力学的一种等价方法，即有别于海森伯 (W.C. Heisenberg, 1901—1976) 1925 年建立的"矩阵力学"和薛定谔 (E. Schrödinger, 1887—1961)1926 年建立的"波动力学"，可称为量子力学的第三种形式。

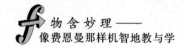

四、费恩曼图 (1962 年)

费恩曼发展了一种图形技术,能够大大地简化微扰计算的分析,这就是被普遍运用的"费恩曼图"。在这个图中,用顺时针方向的线段代表电子的运动,用逆时针方向的线段代表正电子,即电子的反粒子的运动。由于这是一种相对论性的理论,在图形中的每个节点的空时坐标,在计算中都要对整个空间时间积分。因此,在对由一个图形代表的那项的全部积分中,就包括了所有各个节点的时间先后次序各不相同的贡献。这种方法不仅适用于量子电动力学,即电子与光子相互作用的理论,也适用于介子理论的微扰计算。

五、部分子模型 (1968 年)

早在 20 世纪 60 年代,费恩曼曾用直观图像描述高能强子之间的相互作用,认为其是通过强子内部的组成部分来完成的,他把这些组成部分称为部分子。1968 年 8 月,费恩曼来到美国著名的斯坦福直线加速器中心 (Stanford Linear Accelerator Center, SLAC) 的实验小组,人们向他展示了电子与质子深度非弹性的反常结果,并告诉他用标度无关性作出的解释。费恩曼把质子看成是部分子 (类点粒子) 的复合体,把电子质子的深度非弹性散射看成是电子与部分子发生弹性散射。其实,费恩曼的部分子模型与盖尔曼的夸克模型有异曲同工之处,他们从不同角度用不同方法达到了相同结论。原来部分子和夸克是一回事。

六、超流问题 (1957 年)

液态氦 $^2_4$He 在温度 2.19K 以下,会发生完全无阻尼的流动,这种现象称为超流。费恩曼从 1953 年到 1957 年期间研究超流问题。他认为以往的理论不够完整,因此用路径积分和量子统计的方法从头计算。定性预言了在低温下,系统会从常流体到超流体的相变。

七、量子引力理论 (1962 年)

费恩曼从 20 世纪 60 年代致力于将广义相对论与量子论结合起来,他坚信引力波的存在。他的工作一方面用关于引力子的量子场论的方法重新给出了广义相对论里的基本方程;另一方面则是进一步对微扰计算中所涉及的某些关键圈图的发散性质进行讨论,对量子引力问题做了基础性的工作。特别是在 1962 年,费恩曼首次用路径积分处理了引力理论中的规范不变性。

八、辐射的相互作用理论 (1945 年)

经典电磁场理论存在电子自能无限大的困难,费恩曼试图取消电磁场,但又要反映电磁作用的有限传播速度 (光速),即在时间上的"推迟"。他使用一半推迟解,一半超前解,并且假定所有的作用源都被一种完全的吸收体环绕,辐射阻尼就可以看作是由吸收体的电荷以超前波形式对作用源的一种反作用。从而,在费恩曼的这种电磁学理论中,既不出现电磁场,也不出现电荷对自身的作用。这一工作的主要部分,以费恩曼和惠勒联名的形式发表在 1945 年的《现代物理评论》上。

九、"曼哈顿计划" (1945 年)

早在 1942 年初,费恩曼与理论物理学家贝特 (H. A. Bethe, 1906—2005) 合作,在核武器的早期阶段,推导出适用于任何质量范围的爆炸效率公式,它一直延用到现在,被称为"贝特-费恩曼公式"。

十、多学科和社会贡献 (1945—1986 年)

20 世纪 50 年代,费恩曼也提出过超导电性的玻色气体模型。超导体的电子是费米子,服从量子统计中的费米-狄拉克统计。另外,费恩曼对科学普及有着巨大的成就,他著有四本重要的学术著作:《量子电动力学》《量子力学与路径积分》《光子强子相互作用》《统计力学》;编写了《物理定律的本性》《爱开玩笑

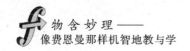
的科学家》《你在乎别人怎么想?》《费恩曼讲物理》《费恩曼讲相对论》等科普册子。

1.3.2 费恩曼在史上最伟大物理学家中的位置

公众有一种流行的错误观念,以为科学是冰冷的、纯客观的事业。事实上,科学是由人推动的,每个时代科学的发展通常都追随杰出科学家所照亮的道路前行。一位伟大物理学家可能成为整个科学界崇拜的偶像。在 1999 千禧之年,英国的《物理学杂志》期刊请 130 位在世的顶尖物理学家投票,选出史上最伟大的物理学家。这份排名只有前 10 名,他们是:爱因斯坦、牛顿、麦克斯韦、玻尔、海森伯、伽利略、费恩曼、狄拉克、薛定谔、卢瑟福 (图 1-10)。

图 1-10　费恩曼高居史上最伟大物理学家的第七位

在以往的几个世纪里,牛顿就是这样的偶像 —— 绅士型的科学家。他虔信宗教、不慌不忙,做事井井有条。他搞科学的风格在二百多年中被奉为旗帜。牛顿既是实验家又是理论家，说不上偏重哪边。

在 20 世纪的前半个世纪，爱因斯坦替代牛顿成为大众的科学偶像。他行为古怪、不修边幅、心不在焉，全神贯注地投入工作，树立了一个抽象思想家的典范。爱因斯坦相当轻视实验，宁肯把他的信念置于纯粹的思维上。他通过对物理学最基础的概念提出质疑，改变了以往做物理研究的方式。

费恩曼是一个极具另类的怪才。他发展的是一个对自然有深刻理解的理论，但又保持着与现实世界、常常是五花八门实验结果的紧密联系。曾看过费恩曼如何把橡胶圈浸到冰水中，以解释"挑战者"号航天飞机灾难事故的人们，谁也不会怀疑他是一个既擅长表演，又非常实际的思想家。他出生的太晚，已无缘赶上物理学的黄金时代，即 20 世纪的前 3 个 10 年，相对论和量子力学改变了人们的世界观，奠定了现今物理学的基础。费恩曼从这些基础出发，帮助建成了新物理学大厦的第一层。他的贡献几乎触及新物理学的每一个角落，并且对物理学家思考自然和宇宙的方式产生了深刻而持久的影响。

费恩曼于 1954 年春当选美国国家科学院院士，这是他获得诺贝尔物理学奖之前的事情。费恩曼觉得参加这个团体的主要任务仅仅是投票决定有谁够资格享有这一荣誉，那就没有什么必要去凑数。为了不辜负长辈和朋友们的期望，他仍然参加了一些活动。不过，费恩曼最后还是向科学院院长提出了辞呈。他的这些表现，难免会被一些人认为是行为乖张、自命不凡。但是，费恩曼以他独特的人格魅力成为一位家喻户晓的科学明星却是不争的事实。

1986 年 1 月 28 日，美国"挑战者"号航天飞机发射后不久发生爆炸，七名宇航员全部遇难。费恩曼应邀到华盛顿参加为调查这一事故而专门成立的、由美国前国务卿罗杰斯牵头的总统委员会。这次活动是费恩曼最后一次出远门儿，因为他患肿瘤第二次手术之后病情才得到稳定。1986 年 2 月 11 日，在委员会成员全体出席的一次公开的听证会上，费恩曼当着电视摄像机的镜头，用一杯普通的饮用冰水做了一个演示实验，以证明运载火箭连接处 O 形密封圈的材料，在发射时的低温下会失去弹性。正是由于这一原因，导致火箭燃料泄漏而起火爆炸。

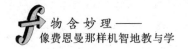

为展现费恩曼先生探险者的风范，本书虚构了他拿着一个 O 形圈，向人们讲解他的得意之作"费恩曼图"的场景（图 1-11）。

图 1-11　费恩曼和他的"费恩曼图"

当然，人无完人，费恩曼先生也有他的另一面。一些人会觉得费恩曼讲课具有狂热激情反而有点累人，繁琐而不够简明。有些东西是不言自明的，不必像他那样，绕一个大圈子来阐释。

第2章 追本溯源，道破天机

2.1 费恩曼的知识观

费恩曼在里约的巴西大学曾讲授电磁学，学生都畏畏缩缩、不敢发问，令他很失望。他说，学生学到的只是名词和抽象的公式，他们可以背诵布儒斯特定律(Brewster's Law)，可是如果问他们，窗外阳光照在海水上，拿起一片偏振片，这样转和那样转会看到什么的时候，他们却一脸茫然。考试题目会出："望远镜有几种？"学生答得出来，可是却忽略了望远镜的真正意义。遇到诸如此类的事情，费恩曼会大发脾气，因为他希望能够尝试错误，发现、自由地探讨，而不是灌输现成的知识。

2.1.1 藐视用字解释其他的字

用字来解释其他的字，费恩曼最瞧不起这种知识。可是当他回到美国，发现原来这也是美国教育的一部分，这种心态不只体现在学生的学习习惯上，连电视问答节目，通俗的《你该知道的事》之类的书本，还有教科书的设计上，都有这种倾向。费恩曼很希望别人跟他一样，一步一步而又亲身体验地获取第一手知识。

他很厌恶标准化的知识，因为那会带来空洞的思想，机械式背诵的学习把科学的价值都抹掉了。科学的价值在于人有发明的欲望，有习惯找出怎样把一件事情做得更好的办法。费恩曼心中的知识，亦即从实际操作学来的知识，他说："让你对世界有真实和安定的感觉，而且可以驱除许多疑惧和迷信。"

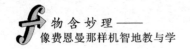
让我们来看一下费恩曼是如何讲授万有引力这一具体内容的：

(1) 首先简短地叙述一下发现万有引力定律的故事；

(2) 讨论它的某些结果，它在历史上的作用；

(3) 这样一条定律所遗留下来的神秘之处，以及爱因斯坦对它所做的若干改进；

(4) 讨论这条定律与物理学中其他定律的关系。

如果要想发现什么东西，那么去细致地做一些实验要比展开冗长的理论争辩好得多。只有在所获得的超过了所给予的时候，一个新发现才有价值。也就是说，费恩曼在物理上推崇巴比伦方法而不是希腊方法*。鉴于此，本书希望从案例入手来解读物含妙理，总结出一些教与学的规律来。

在热学发展史上，英国物理学家焦耳 (James Prescott Joule, 1818—1889，能量单位就是为了纪念他而创立的)(图 2-1) 完成了两个非常朴素的实验：热功当量和气体自由膨胀实验。其中后一个实验是以空气为系统，在当时的仪器精度下证实了理想气体内能仅与温度有关。而同时代的另一位英国物理学家麦克斯韦 (James Clerk Maxwell, 1831—1879)，将定量型的热学发展到关系型的热力学。费恩曼在他的《物理学讲义 (第 1 卷)》的"热力学示例"一章中，写道："无需知道气体的内部机制，只要懂得不能造出第二类永动机"即可理解许多关系了，并且，他画龙点睛地认为著名的内能公式：

$$\left(\frac{\partial U}{\partial V}\right)_T = T\left(\frac{\partial p}{\partial T}\right)_V - p \tag{2.1.1}$$

连同热力学第一定律 ($\Delta U = Q - A$) 一起，可以推导出本课题的所有结果。你看，这不正是应用"巴比伦"方法并且"获得超过了赋予"的一个实例吗?!

不过，还是让我们体会一下用费恩曼所不屑的"用字解释字"是如何解读以

---

*原意是看待数学的两种方式 [6]。希腊方法是从特别简单的一组公理出发，导出几何学的所有定理；巴比伦方法是，知道了所有不同的数学定理和它们之间的联系，但永远也不完全认识到，这都能够从一些公理推出来。在巴比伦的数学学校里，学生们通过做大量的习题来掌握普遍的规则。以引力情况为例，是力的基本性质 (有心力) 还是角动量守恒定律，哪一种说法更重要或者哪一条是更好的公理呢? 显然，希腊方法认为是前者，而巴比伦方法则将答案判给了后者。

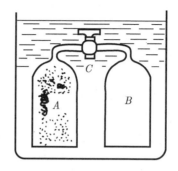

图 2-1　焦耳和气体自由膨胀实验装置

上公式的吧。在等温条件下，系统内能随体积的变化，等于定容情况下压强随温度的变化乘以温度，再减去压强。这样对 (2.1.1) 式进行理解，包含了有价值的信息吗？正确的路径应该是 —— 学着像费恩曼那样，一步一步地把此问题能够揭示的物理告诉学生。

(1) 偏导在物理学上意味等值过程的部分变化率，如何实现热学中一些常见的等值过程呢？例如：将一个系统与一个大热源相接触就可以实现等温了；保持定容的话，你可以想象一个密封的钢罐；最好办的是定压过程，只要将系统与外界相连就可以了；绝热*过程，把一个系统给孤立开来；还有等内能过程，需要绝热和定容的组合。

(2) 人们无法直接测量系统的内能以及其他热力学函数，有些物理量说它有绝对的数值也是没有意义的。所以，将热力学函数表示成物态参量 T、p 和 V 的函数，然后再测量它们的相对某种变化的变化。

(3) 正如费恩曼所言，若干年后，你可能还知道结论但会忘了推导过程，不过你的物理思维方式永在。教师要向学生提供的最大帮助是，从课程中总结出一些解决问题的规律来，比如证明可逆过程中的热力学等式，就有基本的套路可

---

*即使绝热 (adiabatic) 这样一个普通的概念，只要有发挥的空间或者易被人误解的地方，费恩曼就不会放过。它是由希腊字母 a(不)+dia(穿)+bainein(过) 而来的。"绝热"这个词在物理上有几种不同的用法，有时很难看出它们之间有什么共同的含义。这段话取自《费恩曼物理学讲义 (第 1 卷)》第 39 章"气体分子动理论"。

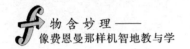

循：数学上写出二元函数的全微分，物理上热力学第一定律和第二定律相结合；将两个方程中的自变量转化为相同，对应项相等；再利用麦克斯韦关系式，最后抵达结果。

(4) 大部分人学习热力学难免的经历是：装懂 → 不懂 → 真懂。这里的"真懂"不是停留在抽象的公式上，而一定是你将基础知识运用到了具体的物理过程，这才是费恩曼的风格！这个过程也是一个"证伪"向"证实"的过渡，"批判"向"建立"的前进。

举例来说，在热学和热力学课程中，有两个初学者首先认可十分蹩脚的"标杆"式概念：准静态和可逆过程。这两个概念不能画上等号。朗道在他的《统计物理学 I》中，谈到焦耳–汤姆孙多孔塞实验。该过程尽管进行得很慢，但它却是不可逆的，这从存在具有许多小孔的壁就可以看出，它会产生很大的摩擦，把气体分子的速度消耗掉。国内教材大都会指明"在 $p\text{-}V$ 图上画出的所有过程皆是可逆的"，然而同学们会不相信这是真的，原因在于他们容易将概念与现实无缝衔接。可逆虽然是讲系统可以沿原途径返回，但却不是"自动和自发"的，而是经历正和逆两个过程，不给外界留下不能消除的影响。比如气体系统的等温膨胀对外界做功 A，用这个功可以使系统复原，同时在系统经历正过程和逆过程之后，外界也消除了系统对它的影响，因为 $A + (-A) = 0$。

当同学们接触进一步的知识时，例如"超导"和"超流"(费恩曼先生所喜欢的现象)，会发现可逆过程在非平衡状态下也能发生，关键点是无热量或耗散出现。

写到这里，故事并没有完结。2016 年春季，笔者应中国科学院大学 (简称国科大) 物理学院聘请，为首届本科生主讲"热力学与统计物理"课程。国科大要求任课教师不出偏题和怪题，而强调科教融合。课下有一位学生问我："内能公式的推论是，在温度保持不变的情况下，若理想气体的体积发生变化，则它的内能不变。是否存在一个公式，可以用来验证理想气体的内能不随压强的变化而改变？"当时笔者查阅了国内外许多热力学教科书，还真没有发现这样的公式，所以在期中测验试卷里出了如下的题目：

物性均匀的系统存在一个内能公式 (即 (2.1.1) 式)，那么对焓而言，类似的公式具有形式：

$$A = C - T \left(\frac{\partial V}{\partial T} \right)_p \tag{2.1.2}$$

①写出 A 和 C 的表达式；②严格证明这一公式；③讨论构造这一公式的出发点，并举例说明其正确性。

按照从题目中获得最大信息的策略，与 (2.1.1) 式进行对比，就可以猜测出的结果是：$A = \left(\frac{\partial H}{\partial p} \right)_T$ 和 $C = V$。用焦耳-汤姆孙实验和理想气体物态方程均可证实该式的成立。然而，笔者在写作此书时，又仔细研读了《费恩曼物理学讲义 (第 1 卷)》，令人惊讶的是在第一卷中发现了与 (2.1.2) 式相同的公式。这让笔者同样体会到与费恩曼同时代的同行们的沮丧心情了。在二十世纪五六十年代，即量子力学和相对论的辉煌已经尘埃落定的时代，如果哪个问题被费恩曼不感冒或思考过，都会震撼物理人的心灵。后者更令人不安，因为费恩曼到此一游，没有发现金矿，他走开了。

2.1.2　讲学前给自己的警示是什么？

费恩曼不仅是一个未知领域的勇敢探索者，同时他还是一个伟大的教师，把已有的知识用一种极具启发性的方式传授给青年学生。费恩曼的教学技巧除了表演才能之外并不复杂，他在 1952 年访问巴西时，为自己匆忙写下了一张便笺：

"首先要搞清楚你为什么要学生学这个专题，以及你要他们知道哪些东西，至于用什么方法，或多或少由常识给出了。"

费恩曼所谓的"常识"常常就是完全抓住问题本质的出色技巧。

费恩曼不仅是一位伟大的教师，他的才华表明他更像是一位教师们的导师，因为他谆谆告诫物理老师们：

"我们该先教什么呢？是先教正确但不熟悉的定律以及陌生而困难的概念，比方说相对论、四维空间等，还是先教简单的'质量守恒'定律，它仅是近似的，但不包含这些困难的概念？前者更引人入胜，更奇妙，更有趣；而后者一开始更

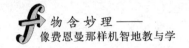

容易接受，它是真正理解前一种定律所包含的概念的第一步。在物理教学中这个问题会一再发生。在每一阶段都值得弄清楚的是，现在已经知道了什么？它的精度有多高？它同别的各种事物的关系如何？当我们学得更多，以后它会有什么改变？"

如果说他编写《物理学讲义》的目的只是为挤满一堂的本科生解决物理学课程的考试问题，那么他并不特别成功；而且，原来的意图是把这些讲义用作大学的入门教科书，也不能说他实现了目标。然而，他的讲课及讲义的巨大成就的主要受益者是他的同行们 —— 科学家、物理学家和教授。他们透过费恩曼那新颖和富有活力的观点去审视物理学。

当然，我们教师总是希望为同学们提供帮助，最直接的就是"解题口诀"，也许它能够点破某些知识点。不过，我们还是愿意模仿笛卡儿提出善意的劝告：如果你当前无法就某个问题给出肯定和漂亮的解答，那么你就从定义出发吧！

2.2　力学文化

学习物理学总是要从力学开始，事实上，这门课程已经不再是仅仅关于"**Force**"的学科。费恩曼调侃道："也许有一天，数学系的人会用和我们说明在物理课上要学数学的同样方式，在他们的课程中开出一门力学课程。"由于力的概念对量子力学来说不太合适，在那里，能量的概念是最自然的。在量子力学书籍中，人们看到的是势能曲线，很少看到两个分子之间作用力的曲线，因为人们是用能量而不是用力来分析问题的。物理定律能够帮助我们认识与利用自然，追问知识的含义更为有趣。举例来说，人们希望在许多不同情况下使用牛顿定律，因此必须关注力的最重要特征，也就是它具有实质性的起源。完整的牛顿定律内容是：除了 $F = ma$ 之外，还应阐述力的某些独立性质，但是牛顿本人并没有涉及这方面的工作。

许多人都知道但不一定会写，西安面食中有一个笔画最多的字：𰻝（其读作 biāng）；在力学中也有一个笔画较多而需介绍的字：赝，它的字面意思是假的。

赝力的一个非常重要的特征是它恒与质量成正比。赝力的两个熟悉的例子是所谓的"离心力"和"科里奥利力"。一个人站在看不见外部的圆形笼子里，可以通过惯性力来判断他所处的地方是否转动 (图 2-2)。这种力的出现，是基于观察者不具备牛顿坐标系 (惯性系) 的事实，而牛顿坐标系是最简单的坐标系。

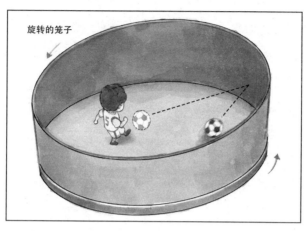

图 2-2　站在旋转笼子中心的观察者朝壁踢一个足球，可以验证科里奥利力

用上述的标准来看，重力也是一种赝力。或者简单说，重力就是由于我们没有正确选择坐标系而引起的，难道不是这样吗？如果设想一个物体正在加速，那么总可以得到一个与质量成正比的力。

在为北京师范大学物理系一年级新生讲授力学备课时，笔者没有去做那些诸如内容取舍、制定一个进度表等常规的事情，而是阅读了许多力学书，其中绝大部分都是按部就班，引起笔者对这个学科相关性的担忧。笔者还做了大量的习题，这倒是实实在在的准备。整个学期我都在设计相关性内容，解答同学们课下、答疑时间和通过电子邮件提出的问题。为每节课准备几个笑话或者纠错花絮，这使笔者对力学理解得更深刻了，产生了一些关于它的非正统观点。我曾回访过已毕业的优秀本科生，他们觉得引领自己喜欢物理学的课程首推普物力学，接着才是量子力学。这有点奇怪！因为他们在学习那些更现代的科目时反倒没有留下什么感觉。这是一种接地气的文化冲击。

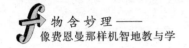

在力学中，质点运动学和动力学都已知的内容并不能提起学习者的兴趣。他们的习惯思维是看题和刷题，总是看许多已经解出的例子。这的确不是费恩曼所希望的。因此，笔者在《大学物理》期刊上写了两篇关于力学开端教学的文章，陈述了一些观点。这不只是通过实践提高技能，在一定程度上，更是在吸收所隐含的文化。当笔者意识到这一点后，在课堂上每隔十到十五分钟，讲一个"科学的笑话"。例如，《费恩曼物理学讲义（第 1 卷）》有一个区分"平均速度与瞬间速度"的故事。在最后谜底揭开的时候，我请坐在第一排的一位女生回答，她当然脱口说出：是个女警察。

在讲"运动"时，费恩曼编了一个故事，大意如下。一女士开车时被警察拦住："你开了每小时 60 英里。"她说："不可能，我只开了七分钟。"警察向她解释："我是说，如果您按这种方式开车，您在一小时后会达到 60 英里外。"女士说："如果我以这种方式开车，几分钟后我就会在街的那头撞墙的。"这里涉及的物理概念是平均速度和瞬时速度的区别。《费恩曼物理学讲义》出版后，一次美国物理教师协会邀请他在旧金山作报告。报告结束时，一个维护女权的示威者走到讲台下，举着大牌子喊道："费恩曼，你这个歧视妇女的家伙!"理由是费恩曼讲的上面的那个故事，暗示妇女不如警察聪明，说她愚蠢。费恩曼机智地回答说："啊! 我忘了说，那个警察是个女的 (图 2-3)。"

图 2-3　一位女交警拦下一位女司机，纠正她开车超速

此外，还有牛顿第一定律的实质是什么 ($m \neq 0$)？能超过重力加速度吗 (矢量变化)？在纯滚动中摩擦力哪儿去了 (刚体惯性)？等等简单但未必明了的话题。最伟大的当属万有引力定律，最综合的内容为刚体力学，最基础的东西肯定是矢量和微积分，最有影响的篇章归于波动 (后续课程用得最多)，最接近当代物理的一定是相对论。

从哥白尼 (Nicolaus Copernicus，1473—1543) 到牛顿 (Isaac Newton，1643—1727) 的历史长河中，许多革命性的思想系英雄们所造就的。其中，牛顿定律是打开力学世界之门的钥匙。从这些定律能够得到关于世界如何运作的令人信服并广泛适用的描述。当与万有引力定律结合起来后，它们又把地球上的物理学扩展到了太空 —— 太空力学。

物理学中有三个伟大的守恒定律 —— 能量守恒、动量守恒和角动量守恒，它们都出自牛顿第二定律。所包含的守恒量都是最简单的东西，守恒必须在所有的时间都成立。这样就对在复杂情况下应用牛顿定律提供了工具。例如，在有涡旋的盆里水盘旋向下并流出孔的过程，若用牛顿定律写出来是非常困难的。但是，为什么会在中间形成一个洞？一旦理解了角动量是守恒的话，就对它的产生不难理解了。守恒律告诉我们为什么一种现象发生而不告诉实际过程的细节。它们让我们把注意力集中在那些不改变的物理量上，从而了解事物是如何改变的。动量的变化 —— 根据定义，对应于力 —— 是能够看得见的；而相反，能量的变化通常是看不见的。初学者更喜欢使用 "**Force**" 的主要原因无疑是 (智力) 惯性，亦即力学文化 [16] 使然。

当没有力矩作用在系统上，即 $M = r \times F = 0$ 时，角动量是守恒的：$L = r \times (mv) =$ 常矢量。在把牛顿定律应用于像大风暴、飓风、自旋的滑冰人，以及浴缸里的涡旋等复杂情况时，还有为什么星系往往是烙饼形状的？角动量守恒是解释这些现象的最好工具。事实上，开普勒 (Johannes Kepler，1571—1630，德国天文学家、物理学家和数学家) 第二定律也是扎根于角动量守恒基础之上的。

用来解决开普勒问题的另一个原理是能量守恒。在功的概念中发现了力与能量之间的联系，因为在物体上所做的功代表着能量的转化，或者转移到力所作

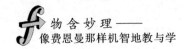
用的物体上面去，或者从那个物体上转移出来。虽然能量守恒的思想被伽利略 (Galileo Galilei，1564—1642，意大利物理学家)*在斜面上做的大量实验中已经揭示了，然而一直到 19 世纪热力学发展起来才真正认识了这个定律。

在 20 世纪，世界目击了科学的革命，使得我们不再相信牛顿定律是这个世界真实工作情况的足够和恰当的描述。该定律是一种特殊情况，即低速、高温、稀薄等，它是更深刻和更精确的规律 —— 量子力学的一个近似。然而，令人惊奇的是，能量、动量和角动量这三个守恒定律在量子力学中也存在。记住它们是由牛顿定律推导出来的，而我们却不再相信牛顿定律是普遍正确的。然而在大多数深刻和正确的理论中，守恒定律本身却始终占有一席之地。

万有引力主载着宇宙的大尺度结构，但这样的说法只是一种默认。物质自身的安排使电磁性消除，而强相互作用和弱相互作用均为固有的短程相互作用。在更基本的层次上，引力超乎一般地弱。作用于质子之间的引力约为电斥力的 $1/10^{36}$。这种奇异的不相称起源于什么地方？它意味着什么呢？—— 这些正是费恩曼孜孜不倦研究的问题。

2.2.1　费恩曼问：为什么可以用矢量？

从数量中成长起来的近代科学，趋向于把物理的思想凝聚在数学公式之中。于是，为了更好地理解宇宙的广泛现象以及组织它们的定律，必须使用一些数学工具，主要有矢量、微积分、微分方程等。有一些物理量最好表达为矢量的点积，例如功作为能量变化的原因之一，它表示为力与位移变化的点乘的积分：$A = \int_a^b \boldsymbol{F} \cdot \mathrm{d}\boldsymbol{r}$，并且提供了保守力与势能差之间的联系：$U_b - U_a = \int_a^b (-\boldsymbol{F}) \cdot \mathrm{d}\boldsymbol{r}$。两个矢量的叉积帮助我们得到另一个守恒律 —— 角动量守恒，叉积总结了力矩和角动量的几何性质。对于像引力那样的有心力来说，力矩 $\boldsymbol{M}$ 为零，根据 $\boldsymbol{M} = \dfrac{\mathrm{d}}{\mathrm{d}t}\boldsymbol{L}$，可知角动量 $\boldsymbol{L}$ 为一常矢量。

---

*这里想纠正你也许从小学开始就犯下的一个小错误，"伽"是一个多音字，不要念成"加"，而应读作"gā"，这可从他的英文名字中看出。

用矢量来表达定律与定理在所有的坐标系中是相同的。这就是为什么矢量定律 $\boldsymbol{F} = m\boldsymbol{a}$ 被广泛应用的一个原因。它在什么地方都有相同的数学形式，应用它来求物体运动的细节，可以选择方便的坐标系，并把定律应用于力和加速度的分量上去。当然，随着物理学研究的复杂，要引进更专门的数学知识。海森伯 1930 年在《量子理论的物理原理》中提出了一种深受人们重视的表述："人们发现，明智的做法是，将大量的概念引入到物理理论中，并不去严格证明它们，而后由实验决定在哪里做修改是必要的。"

为了在平面或空间确定一个质点的位置，要由参考点引向质点所在端点而作出一个矢量，即在运动学意义上要用矢量。但很少有人问为什么在动力学中也可以用矢量？这是学习大学物理时应该有人 (但却无人) 去问的、并不理所当然的事情。费恩曼从物理学中对称性的高度对此给予了回答。

关于对称性，我们采纳如下的赫尔曼·外尔 (H. Weyl, 1885—1955) 较为普遍的定义：

如果能够让一个事物经历某个操作，而且它在经历了这个操作之后看上去没有任何变化，那么就说这个事物是对称的。

不仅牛顿定律，到目前为止我们所认识的其他物理定律，都具有这种对称性，即在坐标轴的平移和旋转操作下的不变性。由于这些性质如此重要，因此矢量分析用来书写和使用物理定律。另一方面，我们总是喜欢把事情做得更轻松、更迅速，所以我们使用矢量方法 (在排版中，矢量用黑体字母，在手写时则用字母上加一个箭头表示)，它能把琐碎的细节减到最小程度。但是，很少有人思考为什么在动力学中可以用矢量？费恩曼对这个看似必然的问题给出了清楚的解释，其结论如下：

一个物理关系能够被表示成一个矢量方程，这个事实确保在坐标系只作旋转时，该关系式不会改变。这就是矢量在物理学中为何如此有用的原因。

2.2.2　费恩曼如何讲相对论力学

为了考察爱因斯坦对牛顿力学中的质量 m 进行修正的重大意义，我们从力

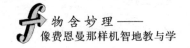
是动量的变化率的原因这条牛顿定律开始，也就是

$$F = \frac{\mathrm{d}(m\boldsymbol{v})}{\mathrm{d}t} \tag{2.2.1}$$

动量还是用 $m\boldsymbol{v}$ 表示，但是我们使用新的 m，这个公式就变成

$$\boldsymbol{p} = m\boldsymbol{v} = \frac{m_0\boldsymbol{v}}{\sqrt{1 - v^2/c^2}} \tag{2.2.2}$$

这就是牛顿第二定律的爱因斯坦修正。在这个修正下，若合外力为零，则系统动量守恒的规律未变，变的是动量的定义。

现在，让我们来看一看，动量如何随速度而改变。假如一个不变的力作用于一个物体很长一段时间，会发生什么事情呢？在牛顿力学中，物体持续不断地加速，最终运动比光还要快。但是，这在相对论力学中是不可能的。在相对论中，物体持续不断地增加动量，而速度却不会这样，动量能够不断的增加是因为质量在增加。经过一段时间后，从速度改变这层意义上，实际上并不存在加速度，但动量却持续增加。当然，只要一个力使某个物体的速度产生很小的改变，我们就说这个物体具有很大的惯性，而这正好就是相对论质量公式所要表达的意思。这个公式告诉我们，当 v 几乎与 c 一样大小时，惯性是非常大的。

很少使抽象的理论模型数据化，而这些能让初学者印象深刻，这是我们教学中十分缺乏的。费恩曼接着举出数据的例子：在加州理工学院的同步加速器中，为了让高速电子偏转，需要非常强的磁场，它的强度比根据牛顿定律预期的要强 2000 倍。

天妒英才，费恩曼不到七十周岁就辞世了。费恩曼从来没有向人提起过，他晚年患上多种癌症的原因。大家还记得他早年跟随奥本海默参与"曼哈顿计划"吧。据文献记载，1945 年 7 月 16 日，"婴儿"问世的日子，费恩曼被安排在离爆炸中心 20 英里处的观察站。清晨 5 时 30 分，费恩曼躲在一辆卡车的挡风玻璃后面，亲眼目睹了远方升起了一团巨大的火球。无论如何，费恩曼可能是用肉眼直接观察第一颗原子弹爆炸的唯一的一个人。每位物理学后来人都会为之惋惜！假如费恩曼先生再多活十几年而跨过千禧之年，他也许能像普朗克那样，为新世纪物理学的发展拨开云雾。

2.3　探讨一串现象并找出规则

2.3.1　导数和积分的起源

"连续"的观念曾让古希腊人大伤脑筋，著名的芝诺悖论 (Zeno's paradox) 就反映了这种艰辛努力的过程。他们没有得到满意的代数处理，通常用一些几何上的间隔来表示。牛顿按照希腊人的风格，用几何作运算。正因为如此，今天我们觉得牛顿所著的《自然科学的数学原理》一书很难读。在这本书中，包含了导数作为极限的一个复杂的讨论。

理工科学生进入大学后，学习物理学的第一章是质点运动学，即要接触新知识：坐标系、矢量、微积分；甚至一些记号如极限和求导，对他们来讲都是陌生的。由于数学课程的滞后，使得物理教学处于尴尬的境地：如果回避微积分，那么大学物理教学就没有新意；若过度使用高等数学，则诱发学生的畏难情绪。如何破解这个悖论呢？不妨从历史上建立微积分的物理需求入手，从牛顿创建《流数术》到莱布尼茨引入微积分记号；从作一条曲线的切线到平均速度取极限定瞬时速度；从质点速度沿其轨迹的切线到运动投影分解，来梳理它们之间的逻辑关系。

建立微积分的最后形式经过了一段漫长的历史，其中求任意曲线的切线是微分的基本问题，它的基础是极限，而无穷小量的概念起着至关重要的作用。在牛顿之前，亦有极高天赋的人辛勤探索了微积分应用 —— 曲线切线的作法，曲线长度和曲线所围面积的求法，但是对微积分的基本原理加以严谨解释的当属牛顿 [17]。牛顿的《流数术》一书写成于 1671 年，直到 1736 年才出版。牛顿在这本书中改变了变量是由无穷小元素所构成的看法，而从运动学的观点来研究问题。这个观点说，数学量是由连续运动产生的，就好像一条线是由一个以确定速度运动的点描写的一样。他把一个生长中的量称为流量 (fluent)，用几个字母 v、x、y、z 来表示它们；其生长率称为流量的流数 (fluxion)，也称为迅度，用带点的字母表示，如 $\dot{v}$、$\dot{x}$、$\dot{y}$、$\dot{z}$；一个无限小的时间间隔称为一个瞬 (moment)，并

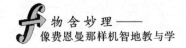

用字母 o(现在常用 dt) 来表示；在无限短时间内流量所增加的无限小部分称为流量的瞬。某个量 x 的瞬可表为它的迅度 $\dot{x}$ 与无穷小量 o 的乘积，即 $\dot{x}o$，并且 $\dot{v}o$、$\dot{x}o$、$\dot{y}o$、$\dot{z}o$ 彼此之间的关系也就是 $\dot{v}$、$\dot{x}$、$\dot{y}$、$\dot{z}$ 彼此之间的关系。

不过，牛顿似乎在极限概念的周围徘徊。牛顿在之后的一本著作《曲线求积法》中，试图消除无穷小的痕迹，而代之以基本的和最终的比。他曾预料到这个诘难，写道："有人反对，说趋于零的量的最终比是不存在的，因为在这些量还没有等于零的时候，比值并不是最终的，而当它们等于零的时候，又什么都没有了。"回答是不难的，这里有一个极限，它是运动终了时所能达到但不能超过的速度。所以，极限和求导在物理上更容易讲得通。用精巧的符号来表达微积分的功绩应归于莱布尼茨 (Gottfried Wihelm Leibniz，1646—1716，德国哲学家和数学家)，以至于后人将积分符号"$\int$"调侃为莱布尼茨用梳子梳理头发时产生的灵感，其实是从拉丁文"summa"(和) 而来的，即把头一个字母"s"拉长成为"$\int$"(图 2-4)。

图 2-4　莱布尼茨梳头产生了发明积分号的灵感吗？

📖 **扩展阅读：P2. 超越莱布尼茨微积分和牛顿力学**

2.3.2　在三种坐标下计算速度和加速度

费恩曼在他的《物理学讲义 (第 1 卷)》第 8 章，以"速率作为导数，距离作为积分"为核心详解了运动学。他的耐心给我们教师留下了深刻的印象，即在物理环境中先导性地引入微积分，平均速度取极限而定义瞬间速度，强调微分和积分是一对互逆运算。费恩曼心存遗憾的是，在他的三卷物理学讲义中没有例题和习题这一环节，但希望教师精心设计例题，起到熟练运用知识的目的。

【**例 2-1**】　离水面高度为 h 的岸上有人用绳子拉船靠岸。人以恒定速率 v_0 拉绳，求当船离岸的距离为 x_d 时，船的速度和加速度 (图 2-5(a))。

正像写一篇科研论文那样，摘要和引言的第一句话经常要具有概括性。就本题而言，将小船视为一个质点，它的运动轨迹沿水面为一直线，速度方向为轨迹的切线。

如果初学者不假思索，会将人拉绳的速度向水平和竖直方向投影，那么得出小船速度等于 $v_0 \cos\theta$，这是最容易想到的方法，但却是错误的。运动的合成是唯一的，而正交分解却是多样化的。若某个自由度 (广义坐标) 的变化趋势是运动许可的，则该自由度就存在对应的速度分量。在笛卡儿坐标系中，垂直于水面方向的运动是禁止的。而若选用极坐标系，则角速度 $\dot{\theta}$ 与时间之瞬 Δt 的乘积，代表拉小船运动的绳子与水平方向夹角的增加量，这是允许的。

下面给出求解这一问题的几种方法及其分析。

解法一　速度定义法。根据质点瞬时速度是它平均速度取极限的定义，也就是牛顿所说的趋于零的量的最终比，有

$$v_x = \lim_{\Delta t \to 0} \frac{x(t + \Delta t) - x(t)}{\Delta t} = \lim_{\Delta t \to 0} \frac{\Delta x}{\Delta l}\frac{\Delta l}{\Delta t} = \frac{1}{\cos\theta}(-v_0) \qquad (2.3.1)$$

式中，$x(t)$ 是小船在时刻 t 到岸的距离，绳长改变量 $\Delta l = l(t + \Delta t) - l(t) < 0$。上式利用了直角三角形的几何关系 (图 2-5(b))，在很短时间间隔内，绳子绕岸上端点转过的角度很小，由 $t + \Delta t$ 时刻船位置处向 t 时刻绳子所作等腰三角形的底边 (长度为 Δs)，其与后者垂直。小船的加速度也可用定义法求得，但需与解法四中的角速度相结合。

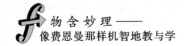

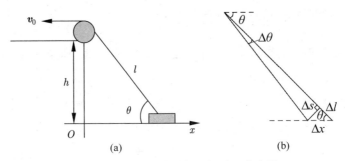

图 2-5　一人在岸上用绳子拉动一个小船

解法二　笛卡儿坐标法。本题的用意是希望初学者用求导来计算小船的速度和加速度。现以水岸处为坐标原点，建立平面直角坐标系 (x, y)，质点的位置坐标 $x(t) = \sqrt{l^2(t) - h^2}$，故

$$v_x = \frac{\mathrm{d}x(t)}{\mathrm{d}t}\bigg|_{x=x_d} = \frac{2l}{2\sqrt{l^2 - h^2}}\frac{\mathrm{d}l(t)}{\mathrm{d}t}\bigg|_{x=x_d} = -\frac{\sqrt{h^2 + x_d^2}}{x_d}v_0 \quad (2.3.2)$$

$$a_x = \frac{\mathrm{d}v_x}{\mathrm{d}t}\bigg|_{x(t)=x_d} = \frac{\mathrm{d}}{\mathrm{d}t}\left(\frac{-l(t)v_0}{\sqrt{l^2(t) - h^2}}\right)_{x(t)=x_d} = -\frac{h^2}{x_d^3}v_0^2 \quad (2.3.3)$$

解法三　自然坐标法。对于平面曲线运动，质点与某一参考点的弧长作为确定它位置的变量，质点速度恒沿曲线的切线方向，而加速度矢量可以分解为切线和法线两个垂直方向，前者是由于质点速度大小变化引起的，后者是由于速度方向变化所产生的加速度，即中学生就知道的"向心"加速度。费恩曼在《物理学讲义 (第 1 卷)》中，虽然没有提及这个坐标系，但是他对牛顿定律的矢量表示法的说明中，提到了速度矢量的变化率 $\Delta \boldsymbol{v}/\Delta t = \Delta \boldsymbol{v}_{//}/\Delta t + \Delta \boldsymbol{v}_\perp/\Delta t$，前者是切线分量，后者是法线分量。并且提醒读者注意，不同时间的速度矢量之差，要把尾端画在一起。

在这个方案中，将质点的速度明确地表示为沿轨迹的切线方向，不能再往其他方向分解。就一维问题而言，它与笛卡儿坐标类似，不同之处在于原点取在质点初始位置处，以及描写质点位置的自由度不是坐标而是曲线弧长，两者位

移的瞬是一致的。小船的速度和加速度矢量写作 $\boldsymbol{v} = v_t\boldsymbol{e}_t$ 和 $\boldsymbol{a} = a_t\boldsymbol{e}_t + a_n\boldsymbol{e}_n$，这里 $v_t = \dfrac{\mathrm{d}}{\mathrm{d}t}|x(t) - x_0|$，由于直线的曲率半径 ρ 为无穷大，则法向加速度 $a_n = v^2/\rho = 0$。计算结果同解法二。

解法四　极坐标法。在《费恩曼物理学讲义 (第 1 卷)》中，有质点在笛卡儿和自然坐标下的速度和加速度表示，但没有极坐标的内容。费恩曼在讲解角动量时，巧妙地引入了对参考点的"动量臂"的概念，这相当于极坐标中，作用力在径向的投影对角动量无贡献，而在角向的力分量乘以动量臂就是角动量的值。反思一下我们目前的普物力学，运动的描写和三种坐标系占用了较多学时，而流体力学和波动等有用的内容却无法深入讲解。

现选岸上端点为坐标原点，水平方向为极轴，顺时针旋转的极角为正，如图 2-6。在平面极坐标系 (r, θ) 下，小船的速度和加速度矢量分别为

$$\boldsymbol{v} = \dot{r}\boldsymbol{e}_r + r\dot{\theta}\boldsymbol{e}_\theta \tag{2.3.4}$$

$$\boldsymbol{a} = (\ddot{r} - r\dot{\theta}^2)\boldsymbol{e}_r + (2\dot{r}\dot{\theta} + r\ddot{\theta})\boldsymbol{e}_\theta \tag{2.3.5}$$

已知条件是 $\dot{r} = \dot{l} = -v_0$ 和 $\ddot{r} = 0$。求角速度 $\dot{\theta}$ 需借助几何关系 (注意 $\mathrm{d}r = \mathrm{d}l < 0$，$\mathrm{d}\theta > 0$，$\mathrm{d}s > 0$，见图 2-5(b))，也就是

$$\dot{\theta} = \frac{\mathrm{d}\theta}{\mathrm{d}r}\frac{\mathrm{d}r}{\mathrm{d}t} = \frac{\mathrm{d}s}{l\,\mathrm{d}l}(-v_0) = \frac{v_0}{l}\tan\theta \tag{2.3.6}$$

$$\ddot{\theta} = \frac{\mathrm{d}}{\mathrm{d}t}\left(\frac{v_0}{l}\tan\theta\right) = \frac{v_0^2}{l^2}\tan\theta\left(1 + \frac{1}{\cos^2\theta}\right) \tag{2.3.7}$$

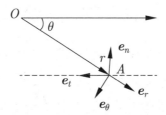

图 2-6　自然坐标系和极坐标系的单位矢量比较

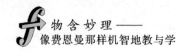
从而

$$\boldsymbol{v} = -v_0\boldsymbol{e}_r + v_0\tan\theta\boldsymbol{e}_\theta \tag{2.3.8}$$

$$\boldsymbol{a} = \frac{v_0^2}{l}\tan^2\theta(-\boldsymbol{e}_r + \tan\theta\boldsymbol{e}_\theta) \tag{2.3.9}$$

由于 $|v_\theta/v_r| = |a_\theta/a_r| = \tan\theta = h/x_d$,故知小船速度和加速度方向均沿水面向左,且 (2.3.8) 式和 (2.3.9) 式的绝对值与解法二相同。

以上结果表明:虽然质点速度矢量的投影存在真实运动的束缚,但是它可以正交分解到广义坐标之上。至此,解答看似圆满了,假若把这道题目交给费恩曼先生,他一定会指出本题的破绽,马上会说:人在岸上匀速拉水中的小船,这件事情不可能发生。那么,我们不得不考虑小船运动的合理性,速度和加速度的符号相同,表明小船作变加速运动,它抵达岸边时的速度为无穷大。所以,人拉绳的速度应控制为逐渐减慢,使得小船渐近静止地靠岸。当 (2.3.2) 式分母趋于零时,分子亦应较快地趋于零,可用洛比达法则确定 $\frac{0}{0}$ 型的极限值。假如将人拉绳速度换成 $\mathrm{d}l/\mathrm{d}t = -v_0(1 - h/l)$,那么当 $x_d = 0(l = h)$ 时,$v_x = 0$。

● 注意到三卷《费恩曼物理学讲义》是面向本科生的基础物理,其有别于朗道的面向研究生的十卷《理论物理学教程》(统计物理分成了两卷,从"卷"的定义上来看一些书说九卷是不妥的)。费恩曼将电磁学与电动力学、量子物理和量子力学打通了,但并没有将力学与理论力学、热学和热力学与统计力学贯通起来。然而,我国目前的《力学》教材吸收了许多《理论力学》的内容,难度超过了《费恩曼物理学讲义 (第 1 卷)》,不过缺失了基础物理的味道。

2.4 从简单模型中悟出真谛

为牛顿的巨大科学成就打下基础的人首推伽利略。伽利略强调定量的实验与数学推理之间的相互关系,这向现代科学跨进了一步;他的功绩不仅在于建立了种种正确的原理,而且在于推翻了各个有害的学说。与伽利略研究风格相反的是笛卡儿 (1596—1650,法国哲学家和数学家),他也企图创建一个全新的动力学体系，但他完全不了解"运动之量"(动量) 有其确定的方向，在碰撞中保持不变的乃是在同一方向上测出的动量。不过，正像一位历史学家所评论的那样："在十七世纪初期关于力学所能轻易获得的那些真理中，伽利略掌握了一位天才所可能掌握的那么多，而笛卡儿掌握了一位天才起码要掌握的那么少。"费恩曼先生的知识太丰富了，很难找出哪些学科是他的软肋。

为了达到费恩曼所期待的物理教育目标，就要有从简单的知识中悟出比较深刻道理的本领。

2.4.1　阿特伍德机的启示

英国剑桥大学物理教师阿特伍德 (George Atwood, 1746—1807) 为了验证牛顿第二定律，设计了一个装置 (图 2-7)。固定的滑轮两边悬挂着两个重物，轻绳与滑轮间无摩擦且不可伸长。成果以论文《关于物体的直线运动和转动》发表。

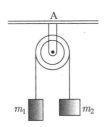

图 2-7　阿特伍德机是用来验证牛顿第二定律的

这道题目被许多教材作为例题，甚至拓展成新的题目：①滑轮两侧有两人向上爬，问谁先爬到顶端？②把整个装置放进一个加速上升或下降的电梯里，计算两侧物体的加速度；③计及滑轮的转动惯量而绕在其上的绳子不可移动，用刚体转动定律计算系统的加速度和绳子的张力。这些都很好！因为问题越复杂就越有趣。但很少有人去告诉学生，它起初的真正目的。今天来审视这个简单装置，也会感叹它的优点：通过测出物体下降或上升的距离 h 以及所用的时间 t，方便地定出物体的加速度 $a = \dfrac{2h}{t^2}$。除了该装置易做之外，物体加速度小、易于测准，速

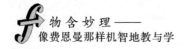

度也小、空气阻力可忽略不计。

学习者们不可能穷尽力学难题，所以应从有限的典型题目中领会求解质点动力学的一套规则，即以下的四个步骤：①隔离物体受力分析；②建立坐标系列方程 (若方程个数少于待求量数，则需引入辅助或约束方程)；③求解方程；④结果验证与分析。大学物理运用微分的优势体现在第二步。例如对刚才的阿特伍德机而言，两物体坐标之和加上半圆周绳长为常数，对等式两边求导，得知两物体加速度大小相等、方向相反。对于许多类似问题都可用求导法，从而免去中学物理费尽周折地去找待求量之间的关系。

2.4.2 抛体运动与弹道曲线

伽利略研究过抛射体运动，认为由两个独立运动合成，并得到其轨迹是一条抛物线的结论，他考虑的是不计空气阻力的理想情况。费恩曼在他的《物理学讲义 (第 1 卷)》第 8 章运动中，也把抛体看作是一个在平面内复合运动的良好例子，但他没有考虑空气的阻力。已有的数据表明，随着弹丸初速度的增加，其在空气中的实际射程比真空中理论计算的结果小很多。最简单的解决方案是：设空气阻力的大小与质点的速率成正比，方向与速度相反。以下的例题也许是本科生遇到的第一个需要积分运算的题目，需要指出的是，对于类似的习题，要设法使得被积函数仅是变量的一元标量函数。

【例 2-2】   以发射点为坐标原点，水平方向和竖直方向分别为 x 和 y 轴，若设空气阻力大小正比于质点速度、方向与之相反，则初速 v_0、发射角 θ 的抛射体满足的牛顿第二定律写作 $m\dot{\boldsymbol{v}} = m\boldsymbol{g} - k\boldsymbol{v}$。把这个矢量方程向两个坐标方向投影 (不能直接对矢量积分，因为矢量不能出现在分母中)，对它们经过两次积分得到 $x(t)$ 和 $y(t)$ 的解，然后再消去时间参数，最终给出抛射体的运动轨迹方程：

$$y = \left(\tan\theta + \frac{mg}{kv_0\cos\theta}\right)x + \frac{m^2 g}{k^2}\ln\left(1 - \frac{k}{mv_0\cos\theta}x\right) \tag{2.4.1}$$

● 我们更应关心的问题是：以上结果对吗 (这肯定是物理学家经常需琢磨的事情)？如何绘出这个轨迹曲线 (这可能是大学生学术竞赛要完成

的任务)? 显然，无空气阻力的理想结果对应于 $k \to 0$ 的极限，但 (2.4.1) 式有两项的分母趋于零，可利用自然对数的级数展开来抵消它们。也就是，$\ln(1-\varepsilon) \approx -\left(\varepsilon + \dfrac{\varepsilon^2}{2} + \dfrac{\varepsilon^3}{3} + \cdots \right)$，$-1 \leqslant \varepsilon \leqslant 1$。现令 $\varepsilon = kx/(mv_0 \cos\theta)$，就有

$$y = x\tan\theta + \frac{mg}{kv_0\cos\theta}x + \frac{m^2g}{k^2}(-1)\left[\frac{kx}{mv_0\cos\theta} + \frac{1}{2}\left(\frac{kx}{mv_0\cos\theta} \right)^2 \right]$$

$$= x\tan\theta - \frac{1}{2}\frac{g}{v_0^2\cos^2\theta}x^2 \tag{2.4.2}$$

故 (2.4.1) 式当 $k \to 0$ 时退化到抛物线理想结果。在相反的极限 $k \to \infty$ 情况下，会发生什么呢? 初学者可能不假思索地就让分母趋于无穷大，从而得出直线轨迹 ($y = x\tan\theta$) 的错误结论。别忘了! 自然对数的定义域应非负，所以在 (2.4.1) 式中，若 $k \to \infty$，则必须 $x \to 0$，从而 $y \to 0$，即物体将不运动。

第二个问题亦属于"费恩曼式"问题。他曾经就尚无法严格求解行星与太阳的引力方程，而用数值计算方法证实行星的轨迹为椭圆。为了简化数值计算，费恩曼假设时间单位或太阳质量已经过调整使 $GM = 1$(通常我们把这种选择称为自然单位)。就本题而言，注意到抛射体的质量、空气阻力系数等并没有给出，应该将 (2.4.1) 式无量纲化。若探究弹道曲线随空气阻力系数和抛射角的变化情况，则可以忽略空气阻力的质点的上抛最大高度的两倍 v_0^2/g 为坐标单位，时间以 m/k 为单位，进而也使阻力系数 k 无量纲化。即令 $x = v_0^2 g^{-1}\tilde{x}$，$y = v_0^2 g^{-1}\tilde{y}$，$k = (mg/v_0)\tilde{k}$ 代入 (2.4.1) 式，得到如下无量纲的弹道轨迹方程 (图 2-8):

$$\tilde{y} = \left(\tan\theta + \frac{1}{\tilde{k}\cos\theta} \right)\tilde{x} + \frac{1}{\tilde{k}^2}\ln\left(1 - \frac{\tilde{k}}{\cos\theta}\tilde{x} \right) \tag{2.4.3}$$

● 这里的无量化处理比费恩曼选用的那套自然单位要好，这是因为如果知道物理量的确切数值，那么只要乘上对应的量纲即可。本科生尽早接触数值计算与可视化，可以把物理学得灵活一些!

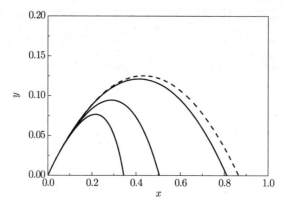

图 2-8 弹道曲线的计算机绘图，其中 $\theta = \pi/6$，从右往左 $\tilde{k} = 0, 0.1, 1.0, 2.0$

2.4.3 斜面上的非惯性参考系

斜面上的力学是再普通不过了，但费恩曼认为学力学就应该从这些简单的物件开始。将抛体运动置于倾角为 α 的光滑斜面上的车厢内进行，来讨论非惯性系的牛顿定律，进而把许多问题综合起来。

【例 2-3】 假设车厢和斜面的长度均足够大，一质量为 m 的质点以初速 v_0 与车厢底部夹角 θ 抛射，求其落回底板时相对抛出点的距离 (图 2-9)。

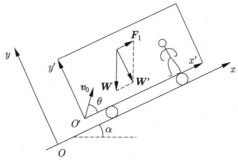

图 2-9 为了降低加速度，把一个小车置于倾角为 α 的斜面之上

如果没有指定解题方案，那么就按照使问题变得最简单的方式进行。以地面为惯性参考系 S，车厢为非惯性系 S'，选横轴沿斜面向上，纵轴垂直斜面向上

的直角坐标系。车厢的牵连加速度 $a_0 = g \sin \alpha$，沿斜面向下。在 S' 系，质点被抛出后，受重力 $\boldsymbol{W}$ 和惯性力 $\boldsymbol{F}_1$ 的作用，两者的合力 $\boldsymbol{W}' = -mg \cos \alpha \boldsymbol{j}$，这相当于质点在非惯性系中受到一个"等效重力" $\boldsymbol{W}'$。因此，仅以"等效重力加速度" $g \cos \alpha$ 代替 g 进入熟知的射程公式，即得到质点在车厢中的抛射距离：

$$x' = \frac{v_0^2 \sin(2\theta)}{g \cos \alpha} \tag{2.4.4}$$

● 初学者可能对惯性力 (费恩曼不惜制造一个令人别扭的"假"词来说明它) 的概念不适应，现作一总结：①惯性力只在非惯性系中存在；②惯性力不存在反作用力；③只要在非惯性系内研究问题，质点即受惯性力，与质点是否跟随非惯性系运动无关；④惯性力在非惯性系内可测量。

让我们溯本求源，斜面上的物理最早是伽利略想使重力"变弱"的策略，这是由于当时缺乏精确地测量微小时间间隔的仪器。让一个小球从一个倾斜度可变的斜面上滚下来，他试图用这种方法来估计引力常量的值。按照费恩曼有趣的原则，我们考虑本问题的一个极限情况：若 $\alpha = \pi/2$，则 $W' = 0$。抛射体在车厢内完全失重，射程趋于无穷大 $(x' \to \infty)$，抛射物将不落回到车厢的底部。

第3章 逻辑分析，想象助力

　　三个不能再现的天才牛顿[18]、爱因斯坦[19]和费恩曼[1]对待"逻辑与想象"均情有独钟，但却有不同的诠释。

　　牛顿曾提出他著名的声明："我不作假说"，他的意思是他不像当时的一些哲学家与科学家那样，习以为常地沉溺于推想之中。他的引力理论乃是建立在观察证据的基础之上，但是这种证据并非仅仅通过逻辑过程就能导出一个普遍性理论。

　　爱因斯坦信奉的是"建立在与经验相一致的直觉基础之上"，即除了从与经验的一致性导向科学理论这样一个最初的论断以外，还存在着一个进一步的限制，那就是，理论的预言必须得到后续观察验证。

　　费恩曼(图3-1)以卓越的辩证眼光认为：大自然整体的每一片段或部分，始终只是对完整的真理的逼近。事实上，我们知道的每件事物都只是某种近似。因

图3-1　费恩曼与同学们交流讨论

为我们知道我们至今还不知道所有的定律，所以我们要学习一些东西，正是为了以后再放弃它，或者，更恰当地说，再改正它。自然定律是近似的，我们先发现"错"的定律，然后再发现"对"的定律。

　　总结起来，一方面科学家具有丰富的想象力，另一方面却又要通过与经验事实进行批判性比较，来对那种想象力的自由奔放加以控制，这两者之间时常存在张力。不管一个命题多么漂亮，它必须在逻辑上正确，才能被所有人接受；或者，要用符合逻辑的方法来解决问题。物理学需要所有可以利用的逻辑工具，当然要考虑思维的经济性，解决或者发展有关自然本质的东西，并尽可能多地得出一些结论。

　　什么是逻辑？逻辑是研究推理的学科，通俗地说，逻辑可以说是思想的计算。推理的理论和方法本身，是逻辑之术。逻辑学的价值不限于其术。逻辑体现分析理性，这是科学精神的基础。批判性思维不限于逻辑思维，但其核心部分是逻辑思维。这方面的能力，就是逻辑思维素养。

　　汉语中"逻辑"一词，是从英语的"logic"音译过来的，有"规律""法则"等意思。中国古代称逻辑这门学问为"名"或"辨"。当我们在语言中使用"逻辑"这个词时，通常有以下四种含义：①客观事物发展的规律性；②人们思维的规则；③某种特殊的理论、观点和看问题的方法；④逻辑学，即关于推理和论证的学问。大多数的时候，人们处于自由自在的思维状态，但是好的推理可以引出真理，坏的推理则会给出谬误。

3.1　批判性思维

　　"批判的"(critical) 源于希腊文"kriticos"(提问、理解某物的意义和有能力分析，即"辨明或判断的能力") 和 "kriterion"(标准)。从语源上说，该词意味着发展"基于标准的有辨识力的判断"。人们常以赞美的态度使用"批判性思维"一语，因为这个命名要求我们坚持不懈地聚焦于重要问题，客观地遵循引导我们走向答案的理由和证据。批判性思维的渊源可追溯到古希腊著名哲学家苏

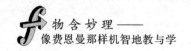

格拉底 (Socrates，公元前 469—公元前 399)(图 3-2) 所倡导的一种探究性质疑，即 "助产术"。

在关于某种道德品质的本性或美德本质的会话中，一个问题出现了。苏格拉底表露出对这个问题的迷惑或无知，而他的朋友用一个说明来帮助他。这个说明变成一个论题。面对苏格拉底的诘问审查，这位朋友不得不对该论题加以辩护。在回应者进行某种初步的说明之后，苏格拉底提出一连串的问题，初看起来这些问题似乎并不直接对那个说明有什么影响，而回应者几乎总是要对这些问题给予 "是" 或 "否" 的回答。

图 3-2　苏格拉底的画像

这种盘问是苏格拉底反驳的核心。最终，苏格拉底归纳出他的朋友在回答这些问题的过程中所承认的东西，而这一归纳的结果与他的朋友先前所提出的那个说明是矛盾的。结果，那个说明现在要被修改或放弃。然后，更多这样的说明作类似的尝试，最终被修改或抛弃。

可以看出，苏格拉底方法的实质是：通过质疑通常的信念和解释，辨析它们中的哪些缺乏证据或理性基础，强调思维的清晰性和一致性。这一事例体现了批判性思维的精神，因此苏格拉底被尊为批判性思维的化身。

对于批判性思维 [20,21]，我们或多或少都有所接触。大多数的日常活动都会用到批判性思维的一些基本技巧，比如：判断我们的所见所闻是否可信；采取措施去探究某一个事物是真是假；当有人不相信我们时，为自己辩护。

说到创新，就不可避免地提起创造性思维，进而思考创造性思维和批判性思维的密切关系。创造性思维是能引发新的和加以改进的解决问题的方法的思维方式。创造性思维引发新观点的产生，批判性思维是对所提问题的解决方法进行检测，以保证其有效性。这两种思维方式对解决问题都是必要的。

但是，人们对批判性思维存在以下几种误解。一种误解是，有人认为批判性思维是否定的，即本质上是发现缺陷。然而，一个批判性思维者不仅仅是质疑判断，这是因为质疑、判断是为了寻求理由或确保正当性，为我们的信念和行为进行理性奠基。故批判性思维也是建设性的。人们可能以为，批判性思维作为一种控制的手段在起作用，是有害的、应避免的东西。其实，批判性思维是个人自治的基础。还有一种误解是，批判性思维并不包括或鼓励创造性。这源于一个错误观念：创造性本质上是打破规则。但是，恰恰相反，创造性常常包括大量对规则的遵循；一个原创的洞察力恰恰需要知道如何在给定的情景中解释和应用规则。

科学与其说是一种知识体系，不如说是一种思维方式。很少有哪天我们听不到在医学、信息、航天、物理学等领域又有了新的发现。科学方法成为我们理解物质世界和社会心理世界的工具，而知识爆炸日益加剧了我们对这种方法的依赖。科学方法往往是通过四个主要阶段：①观察；②构思假说；③实验法；④确证，向前运行的一种归纳思维类型。

科学的世界是经验的世界、观察的世界。为了应用科学方法，科学家必须能够做好观察和测量。因此，科学研究中的所有变量必须由可观察、可测量的术语界定。通过给变量以这种操作型定义，我们就能向他人清楚地表明这些变量是什么，以及观察或测量如何显示它们的存在。比如物理学家必须确定从一个原子核裂变中产生的物理踪迹表明了什么。同样，心理学家也必须以可测量和观察的方式界定这些变量，如爱、沮丧和压力。总之，没有一个操作型定义，就无法应用科学方法。

在物理学上，许多定律是经验和观测的总结，它们并不能从更基础性的规律推理出来，比如热力学定律，人们趋于相信其极可能是真理，因为没有发现与它们相违背的事实。在其他情况下，只能依靠委婉的说法才能实现这种转换。这些在学术论文写作中非常重要。

让我们小心翼翼地将逻辑与物理学的理念梳理一下。

(1) 错误的逻辑一定不会推理出正确的结论；并不是所有结果都一定符合常规逻辑。

(2) 当一条定律是正确的时候，它能够被用来发现另一条定律。如果我们坚信一条定律，那么若出现了一些看起来是错误的东西的时候，则是向我们提示了另一个现象的存在。

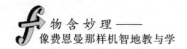

物含妙理——
像费恩曼那样机智地教与学

将近代科学的起源归功于伽利略和牛顿的主要原因是,他们对自然知识的探讨建立在观察与实验的基础上,并且不相信只通过抽象思辨就能获得这些知识。所以,事实、逻辑、想象力才真正是驱动科学发展的"三驾马车"。

3.1.1　批判性思维的特点是什么?

批判性思维是一种认知活动,它和运用思维相联系;以一种批判、分析和评价的方式思考;需要用多种思维活动,比如关注、分类、选择和判断。

一、批判性思维是一个过程

批判性思维 (图 3-3) 是一个复杂的思考过程,涉及很多技巧和态度,包括:
○辨别他人的立场、论辩和结论;
○能够看穿表面现象,辨认虚假或者有失公允的假设;
○以有逻辑、有见解的方式处理事物;
○整合信息,将证据集中起来,形成自己的判断立场;

图 3-3　孙中山 (1866—1925) 先生为中山大学题写的校训,体现了批判性思维的核心要素

。以一种结构清晰、推理严密且具有说服力的方式介绍一个观点。

二、怀疑和信任

与批判性思维有关的性格和能力主要有两点：①带有怀疑思考的能力；②有理有据地思考的能力。

批判性思考中的怀疑意味着在思考时加入一些理性的怀疑。在这个情境里，怀疑并不意味着永远不相信所见所闻，而是说在某一特定时间，你所知道的可能不是事实的全部。我们可以利用批判性思维来建设性地怀疑，这样就可以分析眼前的事物，用更充足的信息来判断一个事物是否真实。我们认为是真的事物，如果能分析清楚其之所以为真的基础，我们就能够分辨什么时候该信任，什么时候该怀疑。有的人似乎天性比较多疑，有些人则更容易产生信任。这种区别可能是因为过去的经历或者性格的不同而造成的。

3.1.2 发展批判性思维的意义何在？

一、两个维度

一个广为接受的、较易理解的批判性思维定义是：批判性思维是"为决定相信什么或做什么而进行的合理的、反省的思维"。它有两个维度：批判性思维能力和倾向（或气质）。质疑、问为什么以及勇敢且公正地去寻找每个问题的最佳答案，这种一贯的态度正是批判性思维的核心。

具有良好的批判性思维有很多益处，比如：①锻炼注意力，提高观察力；②在接受信息时能够抓住重点，不被次要信息干扰；③知道怎样让自己的观点更有说服力；④拥有可广泛运用的分析能力。

二、基本技能和态度

1. 基本的思维技能

我们每天都使用思考技巧，但是很多人发现很难在新环境中应用这些技巧，比如解决更抽象的问题和学习课程，原因是可能没有意识潜在的策略。批判性思

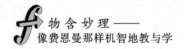
维是建立在一组潜在的思考技巧之上的，它们是：

○集中注意力，以观察细节的意义；

○利用对细节的专注来认识论辩模式，比如相似与区别、存在与空缺；

○利用对模式的识别来比较事物、预测结果；

○将事物分门别类、形成类别；

○利用对类别的理解，找出新生现象的特征并加以判断。

2. 知识和研究

擅长批判性思考的人就算没有专业知识，也能看出某个论断的差错。但是，背景知识始终对批判性思维大有裨益。对一个话题了解得越多，就越能作出信息充足的判断。

3. 情感的自我管理

一般来说，在学术界只认逻辑不认情绪。所以控制情绪的技能在此时会很有用处。如果保持冷静，很有逻辑地表达观点，那么就会有说服力。

4. 坚持、准确和精确

○注意细节，即对全局有所启发的小细节；

○辨别趋势和模式，要细心地做好信息记录、数据分析、辨识重复和相似之处；

○多元视角，从几个角度去看同样的信息；

○客观，把自己的好恶和兴趣抛开，只想着得到准确的结果或深入地理解内容。经过这样的流程：质疑 → 好奇 → 论证 → 结论，你的思维境界会提高一些。

授课录像：S1. 认识批判性思维

3.2　客观、美学和想象力

3.2.1　客观性结合想象力

对许多人来说，科学的本质特征就是事实的集合，而科学家完全抛弃了幻想，他们的时间和精力全部花在通过观察来推断自然规律这些枯燥无味的工作上面。这种看法大错特错，实际上，想象力、激情及思想在科学发展中起着重要作用[22]。

具体到物理学而言，无疑它是最成熟的科学，也是我们用以认识宇宙活动的基础。我们常听到这样的话，当然自己也会说："物理学是一门实验科学"，这确实是对的。因为人们所掌握的关于宇宙及其运作的知识的最终来源，是建立在对自然的观察与实验结果的基础之上的。然而，这并不完全对！

仅有观察，还不足以产生出我们称之为科学的知识体系，它们还必须经过人类智慧的过滤和消化。事实上，如果没有理论概念作为指导和解释，观察结果就将毫无意义。

> 它适宜且新颖吗？它重要吗？它是否有广泛的兴趣？

这是《物理评论》和《物理评论快报》给提交稿件的作者的忠告。尽管可以用快速和强大的计算机将采集的海量数据进行分类加工，但并不能以此取代概念结构的建造。一个富有创造性的实验科学家的任务是，向自然提出正确的问题，而理论和数值工作者也不能自己给自然编一个故事，然后再来自圆其说地发现了新结果、给出了新解释。而要做到这一点，不仅需要从理论上理解所预期的结果的意义，而且还需要想象力。不但解释"事实"需要理论，而且进一步探索未知也需要理论的指导。

当今构成物理学新发现的数据，大多是通过主动的实验而非被动的观察而得到的，当然，在物理学史上也不乏"无心插柳柳成荫"的个别事例。这不同于其他一些科学，诸如生物科学或天文学等。通过实验而建立起的因

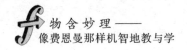

果关系更具有说服力，在那些实验中某些变量可以令其保持不变，而另外一些变量则可以随意变化。显然，这比哲学上靠演绎推理所给出的逻辑关系更可靠。

不过，在科学中确实存在一些起过作用的科学之外的，并在一定程度上为非理性的有价值的动力：美学！毋庸置疑，美在很大程度上取决于观察者的眼光，而在有些情况下美学欣赏需要训练有素的鉴赏力。科学中的概念与理论不仅仅依赖于事实，还取决于伽利略所说的"令人愉悦"的东西。

麦克斯韦（图 3-4）的电磁理论是一个预言，而该理论在数学上简直美得像一个奇迹！这样的理论，很难想象它是错误的。赫兹（Heinrich Rudolf Hertz，1857—1894，德国物理学家）对此是坚信不移的，但它毕竟还是要通过实验来验证。如果麦克斯韦理论是对的话，那么每当发生器火花放电的时候，在两个铜球之间就应该产生一个振荡的电场，同时引发一个向外传播的电磁波。赫兹小心地把接收器移到不同的位置，电磁波的表现和理论预言的分毫不差。根据实验数据，赫兹得出了电磁波的波长，把它乘以电路的振荡频率，这个数值在可允许的误差内恰巧等于 30 万千米每秒，也就是光速。原来光就是电磁波的一种，麦克斯韦理论得到了证实。

图 3-4　建立两座经典物理学大厦中的其中之一的麦克斯韦

1. 科学美的典范

物理学大厦从来都没有这样金碧辉煌，令人叹为观止。牛顿力学体系已经是如此宏伟壮观，现在麦克斯韦在它的基础上又构建起了同等规模的另一栋建筑，它的光辉灿烂让人几乎不敢仰视。电磁理论在数学上完美得令人难以置信，麦克斯韦最初的理论后来经赫兹等人的整理，提炼出一个极其优美的核心，也就是著名的麦克斯韦方程组：

$$\nabla \cdot \boldsymbol{E} = -\frac{\rho}{\varepsilon_0}, \quad \nabla \cdot \boldsymbol{B} = 0,$$
$$\nabla \times \boldsymbol{E} = 0, \quad \nabla \times \boldsymbol{B} = -\frac{1}{c}\frac{\partial \boldsymbol{E}}{\partial t}$$

它一问世，就被人们叹为惊天之作，其表现得简洁、深刻、对称，使得每一个科学家都陶醉其中。后来，玻尔兹曼情不自禁地引用歌德的诗句说："难道这些是上帝写的吗？"

一直到今天，麦克斯韦方程仍然被公认为科学美的典范，一些对于科学美有着坚定信仰的人认为：对于一个科学理论来说，简洁优美要比实验数据的准确更为重要。无论从哪个意义上来说，电磁理论是一个伟大的理论。罗杰·彭罗斯 (Roger Penrose) 在他的名著《皇帝新脑》一书中毫不犹豫地将它与牛顿力学、相对论和量子论并列，称之为"超级"理论。

物理学征服了世界。在 19 世纪末，它的力量控制着一切人们所知的现象。古老的牛顿力学城堡历经岁月磨砺风吹雨打，不但始终屹立不倒，而且更加凸显出它的伟大和坚固。从天上的行星到地上的石块，万物皆遵循着它制定的规则。1846 年海王星的发现，更是它取得的最伟大的胜利之一。

在光学方面，波动说已经统一了天下，新的电磁理论更把它的荣光扩大到了整个电磁世界。在热力学方面，热力学三大定律已经基本建立，而在克劳修斯、范德瓦尔斯、麦克斯韦、玻尔兹曼和吉布斯等天才的努力下，分子运动论和统计力学也被成功地建立起来了。更令人惊奇的是，这一切都彼此相符而又互相包容，形成了一个经典物理的大同盟。经典力学、经典电动力学和经典热力学 (加

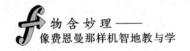
上统计力学) 形成了物理世界的三大支柱。它们紧紧地结合在一块儿，构起了一座华丽而雄伟的殿堂。

无疑，就像一些大受欣赏的其他形式的美，需要有受过相当训练的鉴赏力才能完全欣赏一样，数学结构、方程或物理理论的美，也只有当观察者获得必要的训练与知识后，比如批判性思维的训练，才能够欣赏。换句话说，我们必须学会用适当的语言才能理解被表达的东西。对物理学家来说，这门语言永远是数学。

然而，艺术家的美学动机和物理学家的有一个根本的区别，艺术家不必受制于其他权威，而物理学家必须服从由实验或观察所体现的"真理"的最后裁决。对于数学家来说是另外一番景象：不管一个可疑的命题如何漂亮，它必须在逻辑上正确，才能被接受为定理。

2. 理论是从实验推演出来的吗？

当牛顿提出他著名的声明"我不作假说"时，他的意思是他不像当时的一些哲学家那样，习以为常地沉溺于推想之中。他的引力理论建立在观察证据的基础之上。但是，这种证据并非仅仅通过逻辑推理过程就能导出一个普遍性理论。举例来说，下落的苹果、滚动的球与行星轨道之间存在着巨大的差别；另一方面，运动定律与万有引力之间也存在着巨大的差别。这就是说，从经验到理论的基本原理之间，并不存在逻辑桥梁。

3. 数学与物理的关系怎样？

数学家们喜欢把他们的推理做得尽可能的普遍。若有人对他们说："我想要谈谈普通的三维空间"，则他们会说："如果你有一个 n 维空间，那么就有这些定理"。"但我只想知道三维的情况。""好的，把 $n = 3$ 代进去！"结果表明，当运用到一种特殊情况时，数学家们的那些复杂定理中，有许多会变得简单得多。物理学家们总是对特殊情况感兴趣，他们对普遍性的东西从来不感兴趣。在谈论某些东西，不是在抽象地谈论任何东西。想要讨论三维空间里的引力，从未想讨论在 n 维空间中的任意力。因而需要一定程度上的简化。

当你知道你正在谈论的是什么东西的时候，你用某些符号来代表力，用另一些符号代表质量、惯性、如此等等，那么你就能够运用常识，凭着逻辑来感受世界了，而且还知道那些现象是怎样发展下去的。这就是物理学家的天性！但是，数学家们却要把它们转换为方程，并且那些符号对他们来说并不意味着任何东西。

4. 物理规律与模型无关

当我们猜测一条新规律的时候，往往需要先建立模型。模型确实很有帮助，但我们经常听到对同一个模型的两种截然相反的评价，例如："我不喜欢最小作用量原理"，或者"我很喜欢最小作用量原理""我不喜欢超距作用"，或者"我很喜欢超距作用"。这是因为可以用不同的方法获得同一个物理定理。非常令人玩味的是，一些物理发现是从某种模型抽象出来的，但是结果表明那些模型本身一点也不对头。举例来说，麦克斯韦发现了电动力学，起先是在空间中有一大堆空想的齿轮和滑轮的模型上做出来的。但抛弃了空间中的所有齿轮等东西，电磁理论仍然成立。狄拉克简单地通过猜出方程而发现了相对论性量子力学的正确定律。猜出方程的方法看来是比猜出新定律更加有效的方式。

📹 授课录像：S2. 科学家如何运用批判性思维

3.2.2　物理的河，喜悦的河

人人都追求美，物理学家也不例外，但到底什么是物理学的美，那是一个模糊的概念，或者说只是一种感觉，只可意会，不能言传。物理学家也难以赋予它科学而精确的定义。英国理论物理学家狄拉克 (Paul Adrien Maurice Dirac，1902—1984，他因"发现了在原子理论中很有用的新形式"而获 1933 年

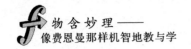
诺贝尔物理学奖) 可以算是物理学家中追美之第一人。他清心寡欲,别无他求,唯独追求的是物理理论之美。有他的名言为证:"使一个方程具有美感,比使它去符合实验更重要。"狄拉克导出他著名的狄拉克方程后,为了追求他的理论的数学美,而作出了一个称为"狄拉克海"的美丽假设,预言了当时并不存在,似乎显得有些荒谬的正电子。预言不存在的东西,犹如第一次吃螃蟹,是要有点冒险精神的。不过,狄拉克别无选择,为了他的理论之美!

后来,经过众多物理学家的努力,终于发现了正电子以及其他的各种反粒子。其实,科学史上的多次事实证明:成功的预言能够充分地体现美丽理论的强大魅力。20 世纪 60 年代中期,物理学家们预言了希格斯粒子,然后,他们孜孜以求,期望等待着希格斯粒子登场,也就是为了完善和证实粒子物理学中的"标准模型",证实物理理论之美。

物理,物理,究物之理,这是人类知识发展所赋予物理学家的使命;物理的河,喜悦的河。究到现在,大家都听说过了:在粒子物理学中,究出了一个"标准模型",后来,又有了一个不甚玄乎的"弦论"。弦论更玄妙一点,标准模型却与2013 年的诺贝尔物理学奖有点关系。希格斯粒子是"标准模型"的宠儿,是被此模型所预言的,而在 2012 年欧洲核子中心 (CERN) 发现了标准模型的最后一个粒子,即媒体所称的"上帝粒子"。

在标准模型中,物质的本源来自于 4 种基本力,以及 61 或 62 种粒子。尽管标准模型还谈不上是一个"统一的物理理论",因为它无法将那个顽固的"引力"统一在它的框架中。但是,它却较为成功地统一了其他三种力:电磁力、弱力和强力,并且基本上能精确地解释与这三种力有关的所有实验事实。

3.2.3　物理定律的本性

在自然界的各种现象之间,也存在着肉眼看不到的,而只能用分析的眼光感悟节奏和样式,我们把这些节奏和样式称为物理定律。

1. 物理理论的定义

理论是指一组规则,决定在世界上的某一部分什么可以发生和不可以发生。

它们所作的预测必须能够通过观察进行检验。若证明预测是错的，则这个理论就是错的，必须被取代；如果预测和观察符合，那么这个理论成立。事实上，每个理论总是可能有缺陷的，所以没有一个理论是"真理"。任何经不起考验的理论不是科学的理论，因为它根本没有可靠的信息。理论如果尚未面临证据，可能是投机的，但是，一个确立的理论是由大量的证据支持的。科学家努力发展尽可能涵盖广泛现象的理论，物理学家特别热衷于用少数的规则描述在物质世界中可能发生的一切。

2. 物理学的语言

语言是一种社会产物。它把许多人过去和现在的共同经验编成密码，并且不断被精雕细琢，主要是为了沟通我们的各种日常需要。语言的一个科学缺陷，也许是它的不完整性。例如，关于量子理论中的几个中心概念，如态空间的线性和用张量积描写复合系统，都找不到任何常见的词汇。物理上创造了一些可用的专业术语——"叠加"和"纠缠"，但它们通常都极少被用到，似乎不能给外行传递很多信息，而且它们的字面含义会令人误解。

很少有词汇比"现在"这个词更常见。根据爱因斯坦自己的记述，他在创立狭义相对论理论时遭遇的最大困难是，必须同这样的观念决裂，即存在一个客观的、普通的"现在"。爱因斯坦在 1905 年的原始论文的开始部分，就对相隔一定距离的钟同步的物理操作进行了冗长的讨论。然后他证明，若同样的这些操作由一个运动系统的观察者来执行，则对于哪些事件是"同时"发生的，会给出不同的结论。正如相对论颠覆了"现在"一词一样，量子理论动摇了"这里"一词的基础。着眼于未来，下一个会是怎么样的基本直觉得到革新呢？因为大脑的性质已成为科学的焦点，它会是"我"这个词吗？

3. 追寻简单

什么是"天才"？这是一个仁者见仁、智者见智的问题，或者说它没有答案。不过，我们更愿意相信一个最简单的回答：天才就是使复杂变得简单的人。

由于许多伟人的洞见都是简单的，所以简明有时也成为评价过程的一部分。考虑一些简单而又伟大的思想：如果我们转动一个球，那么它将保持转动的状

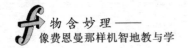

态，除非有东西使它停止；当一颗子弹从枪膛中射出来时，步枪将会回弹；太阳和地球，或者任意的两个物体之间互相吸引，而且如果它们的质量越大、距离越近，那么它们的吸引力就越大。这三个例子就是牛顿所陈述的运动三大定律，而且它们都是那么漂亮、简单。DNA 分子简单模型也是一样，仅由四种核苷酸组成的螺旋上升的梯子；还有，门捷列夫的元素周期表包含了所有的物质，它们可以简单地从质子数 1 到 92：1 个质子 = 氢；2 个质子 = 氦，等等。简单在大多数领域里都为人们所重视；复杂性通常是简单操作的一个失败。怀疑是复杂的，而思考是简单的。

授课录像：S3. 批判性思维在科学事件中的作用

3.3　将逻辑思维作为抓手来解题

初学物理的人总习惯于按部就班，他们的思维是连续的。但在有些情况下，的确需要像费恩曼所说的那样：预期一种结果或机制，但又不能与已知的事实相矛盾。相信我们老师手中有不少依靠逻辑思维来解决的力学问题，下面仅举一例。

【例 3-1】　长为 L 的匀质软绳绝大部分放在光滑水平桌面上，仅有很少一部分悬挂在桌面外，而后绳从静止开始下滑，如图 3-5 所示。问软绳能否达到图 (b) 状态？若否，绳滑下多长时会甩离桌边？

分析绳子的下滑过程，它水平方向的动量 $p_x > 0$，假如能达到图 (b) 的状态，必然有 $p_x = 0$，否则绳子继续留在桌面上。绳子动量的变化来源于外力的冲量，即仅由桌面的棱边的支撑力 N 提供。p_x 若增加，N 朝右上方；p_x 若减

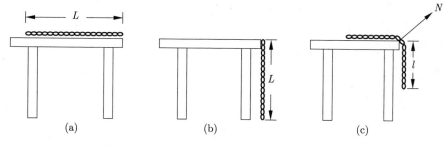

图 3-5　一条绳子放在光滑的水平桌面上的示意图

小，N 朝左下方，显然后者是不可能的。所以，绳子不可能处于图 3-5(b) 的状态，而会甩离桌面。

从初态到末态，桌面棱边对绳子不做功，重力为保守力，系统机械能守恒。设绳子的线密度为 λ，那么

$$\frac{1}{2}(\lambda L)v^2 = (\lambda l)g\frac{l}{2}, \qquad v = l\sqrt{\frac{g}{L}} \tag{3.3.1}$$

末态绳子水平方向的动量等于

$$p_x = \lambda(L-l)v = \lambda(L-l)l\sqrt{g/L} \tag{3.3.2}$$

设绳子下垂 l 后便甩离桌面的棱边，即 $N = 0$。对于桌面上剩余的那段绳子而言，在水平冲量 $\int N_x \mathrm{d}t$ 的持续作用下，其动量 p_x 增加直至到达最大。对 (3.3.2) 式求当 l 等于多少时，p_x 取极大值，显然，$l = L/2$。所以，当绳子的一半下垂贴住桌面时，它的整体将瞬间离开桌子。

● 值得指出的是，本题用到了思维技巧。第一问：不这样······，就会······，从而引出矛盾或谬误。关于第二问，借用牛顿确定量的极大的方法，就是："当一个量等于它所能有的最大值的那一瞬间，它不向前运动，因为假如它向前运动亦即增加的话，那就表明它比较小，不久会更大。"费恩曼经常挂在嘴边的用"常识"教与学，就是完全抓住问题的实质。思路开阔一点，同学们由此就会进步一点。

授课录像：S4. 让逻辑纠正错觉

扩展阅读：P3. 在大学物理教学中引入批判性思维

3.4 费恩曼模式助推教学研究

费恩曼谆谆告诫我们："物理定律能够帮助人们认识和利用自然，但是我们还是应当不时停下来思考一下'它们的真正含义是什么？'"在我国目前的基础物理教材中，传授的大多是表观唯象的知识，很少像费恩曼那样刨根问底。例如费恩曼在他的《物理学讲义 (第 1 卷)》中，专门开设了第 12 章"力的特性"。其中对大家耳熟能详的摩擦力 (我们常讲静摩擦、滑动摩擦和滚动摩擦，而费恩曼将之分为干摩擦和湿摩擦) 的机制进行了探讨。他写道：一种摩擦效应是重物同木板的相互作用，同其中原子的摇晃相关的一种非常复杂的效应。重物的有规则运动转化为木板中的原子的无规则的晃动，因此我们应当更进一步去观察。费恩曼的观点非常具有启发性，这比将摩擦归结为表面只不过布满凹凸不平的形状，更深刻和可模型化。为此，笔者开展了一项工作，部分内容如下。

【例 3-2】 随机关联势诱发的摩擦行为研究。

考虑一个质量为 m 的粒子处于一个施加偏压力 F 的媒介之中，一方面粒子在低速运动过程中，受到正比于速度的湿摩擦力，另一方面还要翻越随机出现的诸多小的势垒及势阱，这出现在蛋白质折叠的反应过程中。模型粒子的动力学方程如下：

$$m\frac{\mathrm{d}v}{\mathrm{d}t} = -m\gamma v - \frac{\partial U}{\partial x} + F \tag{3.4.1}$$

式中，方程右端第一项是斯托克斯摩擦力，第二项的 U 称为随机关联势，它是一个随机函数遵守高斯分布，且系综平均满足：$\langle U(x) \rangle = 0$ 和 $\langle U(x)U(x') \rangle = g_0 \exp[-(x-x')^2/(2\lambda^2)]$，这里 g_0 和 λ 分别表征随机势的强度和关联长度。

方程 (3.4.1) 没有统一的解析解，为了对不同的摩擦力效应进行比较，现考虑缺少和存在随机势两种情况。对于前一种情况，粒子速度为

$$v(t) = v(0)\mathrm{e}^{-\gamma t} + \frac{F}{m\gamma}\left(1 - \mathrm{e}^{-\gamma t}\right) \tag{3.4.2}$$

在长时间极限，$v(t \to \infty) = \dfrac{F}{m\gamma}$ 为一常量，粒子无加速度。若无线性偏压力 $(F = 0)$，则粒子速度趋于零，这就是速度有关的湿摩擦力的常规作用。

在第二种情况下，我们基于快速傅里叶变换 (FFT) [23,24] 模拟产生随机势 $U(x)$，然后用差分法求解方程 (3.4.1)。从图 3-6 中可见，当 $\gamma = 0$ 和 $F = 0$，随机势起到了等效摩擦及耗散动能的效果，即粒子从一定的初速度出发，最终将静止。不过，在 $\gamma = 0$ 和 $F \neq 0$ 情况下，与湿摩擦相比较，当 F 取值较大时，结果发生了有趣的变化。倾斜外力对粒子做功，使之动能增加而足以克服随机势垒，因此粒子存在加速度。然而，当不存在随机势，粒子速度越大，其受到的湿摩擦力就越大，摩擦阻力 $-m\gamma v$ 将抵消外力 F，粒子长时间后的速度等于一个常量而无加速度。

【例 3-3】　与速度的多少幂次成正比的摩擦力形式，在关闭引擎情况下，物体能在有限时间内停止运动？

费恩曼对摩擦力与速度之间关系的经验公式进行了独特的分析，他指出："球、气泡或任意物体在蜂蜜那样的黏稠液体中缓慢运动时，作用于其上的摩擦阻力同速度成正比。但是当运动速度变快，以至引起液体打漩时（蜂蜜不会打漩，但水和空气会打漩），那么摩擦阻力就更接近于同速度的平方成正比

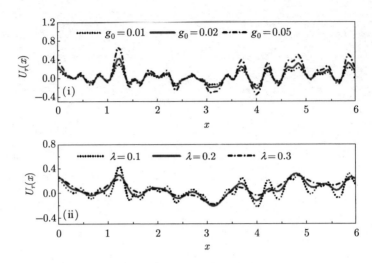

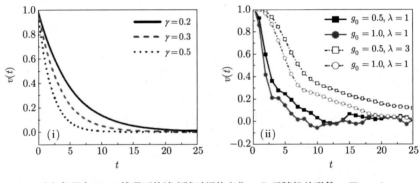

(a) 各种参数下的随机关联势，(i) 固定 $\lambda=0.1$，(ii) 固定 $g_0=0.01$

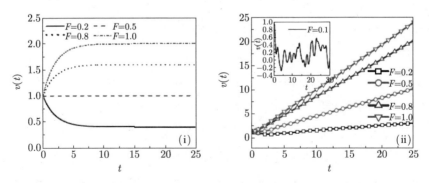

(b) 粒子在 $F=0$ 情况下的速度随时间的变化，(i) 无随机关联势，(ii) $\gamma=0$

(c) 当存在外力时，粒子速度随时间的变化，(i) $\gamma=0.5$，$g_0=0$；(ii) $\gamma=0$，$g_0=1.0$，$\lambda=0.2$

图 3-6　用费恩曼所猜测的分子随机运动来理解摩擦机制

$F = -bv^2$，而如果速度继续增大，甚至这个定律也开始失效了。" 以飞机为例，费恩曼不喜欢改变比例系数 b，来分析空气阻力作用在机翼和机头上有什么不同。他说："说得委婉一点，这是令人失望的，根据飞机形状来决定系数的简单定律是不存在的。"

费恩曼先生不愧是一位头脑清醒的物理学家，他的这个品格，我们能学得来! 尽管刚才提到的事情的确是个问题，但不值得去研究，因为它太复杂了，给不出规律性的结论来。进一步思考后，我们是否获得了这样的启发：如果物理教师能够对物理学家的工作方式多少有一些了解的话，我们就不必担心当前的物理教育危机了，更不用发动一场让人啼笑皆非的将知识模块化、碎片化的"课堂战争"了。

就本问题而言，这里打算研究空气阻尼力与速度的某种幂成正比，即 $F = -bv_x^n$，则初速度为 v_0 的物体满足的牛顿第二定律为

$$m\frac{\mathrm{d}v_x}{\mathrm{d}t} = m\frac{\mathrm{d}x}{\mathrm{d}t}\frac{\mathrm{d}v_x}{\mathrm{d}x} = \frac{1}{2}m\frac{\mathrm{d}v_x^2}{\mathrm{d}x} = -a - bv_x^n \tag{3.4.3}$$

方程最右边第一项代表与速度无关的干摩擦。如果想要知道物体运动总时间与初速度的关系，可用以上方程的第一和第四项相等；而若计算物体移动的最长距离 L 与初速度的关系，则用第三与第四项相等。经过定积分运算，它们分别是

$$t = \int_0^{v_0} \frac{m\mathrm{d}v_x}{a + bv_x^n}, \quad L = \frac{1}{2}\int_0^{v_0} \frac{m\mathrm{d}v_x^2}{a + bv_x^n} \tag{3.4.4}$$

● 让我们研究与费恩曼考虑的高速运动的相反情况，即在低速情况下，物体所受到的空气阻尼力与速度的关系又如何？这就像往空中投掷一个飞标，它在空中能飞行多长时间，直线运动的最大距离是多少？那么，可令 $a = 0$，典型的三种解答是：

(1) $n = 1$, $t \to \infty$, $L = \frac{m}{b}v_0$;

(2) $n = 2$, $t \to \infty$, $L \to \infty$;

(3) $n = \frac{1}{2}$, $t = \frac{2m}{b}v_0^{1/2}$, $L = \frac{2m}{3b}v_0^{3/2}$。

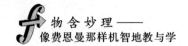
分析这些结果是蛮有趣的，我们不去作定积分计算就可推知：若 $n > 1$，意味着速度越小，阻尼力也越弱，则 $t \to \infty$ 和 $L \to \infty$，这是不符合实际的；当 $n < 1$，阻尼力随速度的减小而变弱的程度要小，仍然起到阻碍物体运动的作用，所以物体可在有限的时间内停止运动。因此，从这个意义上来讲，物体在流体中所遭受的摩擦力与其速度成正比的假设，在低速情况下也需要修正。

第4章 意料之外，情理之中

侦探小说之所以令人着迷，是因为它的过程跌宕起伏、结果出人意料，而推理却使人信服。现代物理学研究论文，在谈它的重要性之前，首先别忘了你的这个研究有趣吗?! 物理虽然是个复杂的剧本，但不改变人们追求的简单。费恩曼就是一位擅长制造悬念、充满智慧的高手，比如：女警察执法超速女司机；树叶落地需要地球庞然大物的吸引；用一张熊皮就能判断相互作用是功还是热，等等。当你知道了费恩曼要讲内容的结论，但你不一定能猜出他要使用什么招术。如果我们教师有一定 (即使比费恩曼低 1~2 个量级) 的机智性，那么课堂上学生玩手机或者打瞌睡的情境也许就不会发生了。

4.1 史上最伟大的定律

有三个人对物理学和天文学作出了贡献，为牛顿的巨大科学成就打下了基础，他们是：伽利略、开普勒和第谷。他们都在寻找天上的秩序，然而可能没有谁在生命中找到。伟大的牛顿为这个问题苦苦奋斗：引力应该按什么方式减小才能解释将行星轨道的周期和半径联系起来的开普勒第三定律？这个力还取决于哪些其他的物理量？还有伽利略的落体定律，即地球上的引力怎样与天上的引力相关联？结论就是牛顿的万有引力 (平方反比) 定律。还有另外一个定律或定理比它更简单和更神奇吗？地上的物理学变成同天上的物理学是一样的了。

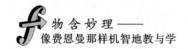

4.1.1 费恩曼机智地描绘弱的引力

费恩曼研究的鼎盛时期是 20 世纪 60 年代初期，主流是高能物理学，而此时距爱因斯坦发现广义相对论已有 50 年的光阴了。少数学者还在努力创造引力的量子理论，即把引力场量子化。这个发展很自然，因为其他作用力都已经量子化了。困难之处在于引力比起其他的力实在是太弱了。比方说，只要几个电子，其产生的电场就可以测得到，可是要有像地球那么大的质量产生的引力才足够把叶子从树上拉下来。库仑力与引力之比大约是 10^{42} 如此大的量级。连费恩曼这个点子多的人都找不到一个好的比喻。有一次，他在一个大型学术会议上介绍自己在量子化引力的工作时说："引力很弱…… 事实上，是弱的不像话。"就在那一瞬间，天花板上有一个扬声器突然松脱，摔落到地板上。费恩曼想都没想，就说："很弱，但不可忽略 (图 4-1)。"

图 4-1 你想不到吧：一片树叶落地需要像地球那么重的物体的吸引

费恩曼这机智的托词，太出乎人们的意料了吧。看来不必臆想一个苹果落到牛顿的头上，才使他发现引力定律。写到这里，笔者想回忆中学的物理都有哪些东西，但什么也记不太清楚了，不过却一直没有忘记初中物理老师讲的一个小例子：1 达因 (1 牛顿等于 10^5 达因) 就是蚂蚁吃东西的力量。所以，费恩曼先生倡导的"相关性物理"和赵凯华先生推崇的"定性与半定量物理"，两者都比枯燥的公式更会使你记得住、用得上。

📖 **扩展阅读：P4. 近似处理的重要性**

话说在 1684 年，牛顿向他信任的朋友哈雷 (E. Halley，1656—1742，时任英国哲学秘书) 平静地说出与距离平方成反比的力的定律导致圆锥曲线 (椭圆、圆、抛物线和双曲线) 轨道时，哈雷大为吃惊。在哈雷的请求下，牛顿写了一共九页的论文《物体在轨道上的运动》，他向全世界公布了他的万有引力成果，并且以后发展成《自然哲学的数学原理》一书。哈雷认识到牛顿的短文意味着一个巨大的进步。通过开普勒轨道的研究，牛顿感觉宇宙中任何两个物体之间的力随着物体分开更远而必须减小。他表明，这个力将与两个物体之间的距离的平方成反比。这个关系使轨道半径与周期满足开普勒经验定律。为了完成他的万有引力定律，牛顿认为引力正比于所涉及的两个物体各自的质量。如果 m_1 和 m_2 是两物体的质量，r 是它们之间的距离，那么牛顿的万有引力定律可以表达成

$$F = G\frac{m_1 m_2}{r^2} \tag{4.1.1}$$

式中，G 是一个普适常量，通过实验测得。确定 G 的数值是物理学的经典实验之一。

英国物理学家卡文迪什 (Henry Cavendish，1731—1810) 在 1798 年完成了测量 G 的历史性的实验。卡文迪什有不定期地发表著作的习惯，他把凡是不完全满意的作品都留下来而不发表，幸亏 G 的测定是他引以为豪的实验。取自卡

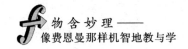

文迪什的 1798 年论文的图显示了他用于确定 G 值的精巧的实验装置 (图 4-2)。在此实验中,他测量了等于所包含物体重量十亿分之一的力。两个小的铅球被固定到坚硬的杆上形成哑铃状,用细丝将哑铃悬挂起来,使它能自由旋转。当将两个较大的铅球放置在接近哑铃的末端时,较小质量的铅球由于万有引力而被吸引到较大的球一边。这个力尽管非常小,然而它使哑铃旋转并且扭转细丝,而细丝要反抗扭转。利用望远镜,卡文迪什用烛光照明的标尺观测小球并从而测定扭转的量。由此,他确定了两个球之间的引力,并随后通过万有引力公式,求得 G 的值:

$$G = 6.67 \times 10^{-11} \mathrm{N \cdot m^2/kg^2}$$

卡文迪什的实验帮助完善了万有引力定律。该定律不再仅是牛顿陈述的那个比例关系,而是通过它能作出定量分析的精密的定律。它是自牛顿以来对万有引力研究最为重要的贡献。

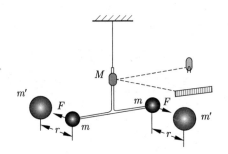

图 4-2　卡文迪什用于测定 G 的仪器,意想不到的简单

　　这个实验曾经称为"称地球"(测量地球的密度) 实验,卡文迪什也声称他称了地球,但是实际上测量的是引力定律中的常量 G。这是唯一能确定地球质量的方法,因为知道了 G 以及地球的吸引有多强,我们就间接地知道了地球的质量有多大。这种在山洞里做的简单实验,就能测量出地球的密度,这如此出乎意料之外!万有引力定律这一伟大的成就在科学史上所产生的重大影响,怎么估计也不为过。天体运动由它来支配,大自然的造物比如喜马拉雅山的高度、人类的

身高受制于它。然而，我们却并不知晓引力的机制是什么，牛顿对此没有作过任何假设，他满足于找到它做的是什么？而并未深入到它的机制中去。引力的机制曾经屡次为人们所提出，但都没有成功。因为要求：它既能"解释"引力，又不至于预言其他实际上不存在的现象。物理定律的特性，就是它们具有这种抽象的性质。

> 万有引力常量 G、光速 c、普朗克常量 h 被指证为三个物理学史上最著名的常量；而三个数学史上最著名的数分别是：$\sqrt{2}$、π 和 e，这三个数的十进制展开的每一位都是随机的。

前三个物理常量同时出现在普朗克长度之中：

$$l_{\mathrm{P}} = \sqrt{\frac{\hbar G}{c^3}} \cong 1.62624 \times 10^{-35}\ \mathrm{m} \tag{4.1.2}$$

这是广义相对论与量子力学相结合的量子引力理论的产物。它是物理学上有意义的最小可测单位或是现在宇宙的最小像素。而三个数学常数在自然界中最普遍的高斯函数里被用到，即

$$f(x) = \frac{1}{\sqrt{2}}\pi^{-1/2}\mathrm{e}^{-x^2/2} \tag{4.1.3}$$

自然科学的和谐统一，由此可略见一斑。

【例 4-1】　假想沿着地心挖一条长长的隧道，在地球中心附近放置一个小物体。试计算这个物体作简谐振动的周期 T（图 4-3）。

图 4-3　计算一个小物体简谐振动周期的示意图

设这个可视为质点的物体的质量为 m，而地球的质量和半径分别为 M 和 R，地球密度 $\rho = 3M/(4\pi R^3)$，连同万有引力常量 G 均是已知的。令物体处于

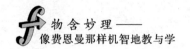
离地心的距离为 r，物体仅受以 r 为半径的球面内的地球质量 $m' = \rho \dfrac{4\pi}{3} r^3$ 的引力，后者又可等价地集中到地心处的一个质点上 (图 4-3)。也就是说，物体受到的引力为

$$F = -G \frac{m \rho \dfrac{4\pi}{3} r^3}{r^2} = -\frac{GmM}{R^3} r \qquad (4.1.4)$$

故物体的运动方程满足：

$$\ddot{r} + \frac{GM}{R^3} r = 0 \quad \Rightarrow \quad T = 2\pi \sqrt{\frac{R^3}{GM}} \qquad (4.1.5)$$

代入已知数据，得到物体往返一次需要的时间约为：84 分 24 秒。啊! 时间这么的短，相信学生们会记住它的。

● 学着像费恩曼那样，机智地话锋一转，总结出判断简谐振动以及如何求出振动周期的要领：①找出平衡位置，建立坐标系；②令研究对象偏离平衡位置一个小位移，设法找出动力学方程；③化简方程，查看是否具有 $\ddot{x} + \omega_0^2 x = 0$ 的形式；④如果是，则定出振动周期 $T = 2\pi/\omega_0$。还有另外一种情况会出现，即隔离物体受力分析后，发现处理相互作用力比较困难。那么，可以写出体系的机械能，对这一守恒量求导为零，进而得到振动方程。

4.1.2 从行星椭圆轨道引发的探究

如何在一张纸上画出一个漂亮的椭圆？如何显示在引力作用下，行星绕太阳的运动轨迹为椭圆？—— 物理学家思考问题的方式既天真又实际。

椭圆曲线可用图钉 (在每个焦点上各订一个)、一段线和一支铅笔把它画出来。从数学观点上来看，它是这样一些点的轨迹，从两个定点 (焦点) 到其上每一点的距离之和是一个常数。人人都知道地球是圆的，这当然是引力使然，地球尽它所能把自身各部分相互吸引在一起。又由于它绕着由南极指向北极的轴线转动，从而引进了离心效应，而它随着纬度的增加而降低，在赤道处最大。结果表明：地球应该是一个扁椭球。

我们能否从物理上分析行星绕日运动，即能否在一定近似下得出椭圆轨道呢？在大学一年级力学课程中，这是作为开普勒第一定律被大家理所当然地接受。在费恩曼教学的年代，个人计算机还不像今天这样普及和友好，不妨让学生用数值方法求解微分方程组。所以，新时代的物理学习比费恩曼的"思想实验"多了一个重要工具 —— 数值模拟与可视化。

【例 4-2】 设太阳的质量 M 远大于行星的质量 $m(M \gg m)$，这意味着我们可把太阳与行星的两体问题简化成太阳静止的行星单体运动。假设行星在某个位置开始以某个速度运动，它将沿着某一曲线绕日运动。我们用牛顿运动定律和引力定律来分析这将是一条什么曲线。分量方程写作：

$$\frac{\mathrm{d}x}{\mathrm{d}t} = v_x, \quad m\frac{\mathrm{d}v_x}{\mathrm{d}t} = -\frac{GMmx}{r^3} \tag{4.1.6}$$

$$\frac{\mathrm{d}y}{\mathrm{d}t} = v_y, \quad m\frac{\mathrm{d}v_y}{\mathrm{d}t} = -\frac{GMmy}{r^3} \tag{4.1.7}$$

这里 $r = \sqrt{x^2 + y^2}$，以上是一个有四个变量的非线性耦合微分方程组。

这是三卷本《费恩曼物理学讲义》中为数不多的数值计算问题之一。基于开普勒运动的角动量和机械能守恒，可以给出极坐标表示的圆锥曲线方程，这在《新概念物理教程力学》[25] 一书里有详细的推导。然而，费恩曼希望从更基本的动力学方程 (即牛顿第二定律与万有引力定律相结合) 出发，用尽可能少的知识获得行星绕日运行的轨迹曲线。由于在普物力学阶段，尚无法探讨非线性微分方程的理论解，那么数值差分迭代求解微分方程就成为不二选择。

● 这里谈论的并不是单纯的数学问题 (若知道了该联立微分方程组的四个初始条件，就确定了其任意时刻的解)，而是：①物理上对初始条件有无限制？例如费恩曼书中提到了一种初始速度，那么如何在图像上判断不妥的初始条件及带来的后果？②数值计算有限时间内质点的位移，是用前一时刻的瞬间速度，还是用平均速度？注意到《费恩曼物理学讲义 (第 1 卷)》中所采用的时间步长较大，因此造成较大的计算误差，它所给出的椭圆半长轴就不准确等。

赵凯华先生在他的力学 [25] 书中，写出了行星椭圆轨道的半长轴 a 和两焦

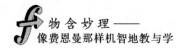

距之半 c 与行星能量 E 和角动量 L 的关系，即

$$a = -\frac{GMm}{2E}, \quad c = \frac{1}{2}\sqrt{\frac{G^2M^2m^2}{E^2} - \frac{2L^2}{m|E|}} \tag{4.1.8}$$

现使用《费恩曼物理学讲义 (第 1 卷)》中的自然单位 ($GM = 1$)，坐标原点选在椭圆右焦点，行星初始在椭圆长轴右端点，即 $x(0) = a - c$, $y(0) = 0$, $v_x(0) = 0$, $v_y(0) > 0$，那么 $E = -\frac{m}{a-c} + \frac{1}{2}mv_y^2(0)$, $L = m(a-c)v_y(0)$。根据半焦距公式，根号内的量应该大于零的要求，我们给出对行星初始速度的限定：

$$\left| -\frac{1}{a-c} + \frac{1}{2}v_y^2(0) \right|^{-1} > 2(a-c)^2 v_y^2(0) \tag{4.1.9}$$

假如试探的初始条件违背了以上约束，那么结果将会显示轨迹不是一个封闭的椭圆曲线。

对于第二个问题，求位移 $x(t + \Delta t) = x(t) + \int_t^{t+\Delta t} v_x(t')\mathrm{d}t'$，实际上是计算曲边梯形的面积。如果用 $v_x(t)$ 为高、时间步长 Δt 为底的矩形来逼近曲边梯形，那么在每一步的位移计算中都引入了误差，而长时间的积累误差将导致偏离物理的最终结果：焦点变成了圆心；沿 x 轴的扁椭圆变成了沿 y 轴的长椭圆等。

费恩曼意识到了这个潜在的问题，他在《物理学讲义 (第 1 卷)》中用半时间步长后的粒子速度作为当前速度，计算下一步粒子的位置坐标。这里我们用二阶预估 — 修正方案，特别用 t 和 $t + \Delta t$ 之间的平均速度计算位移：

$$v_x^*(t) = v_x(t) + a_x(t)\Delta t, \quad v_y^*(t) = v_y(t) + a_y(t)\Delta t;$$
$$x(t + \Delta t) = x(t) + \frac{1}{2}[v_x(t) + v_x^*(t)]\Delta t, \quad y(t + \Delta t)$$
$$= y(t) + \frac{1}{2}[v_y(t) + v_y^*(t)]\Delta t$$

这相当于对曲边梯形进行了割补，巧妙地降低了误差，从而使得计算结果符合物理预期。图 4-4 是把坐标原点选在焦点 $(a - c = 0.5)$ 上，数值求解微分方程组所绘出的椭圆曲线，由里到外的 $v_y(0) = 1.20, 1.63, 1.80$。

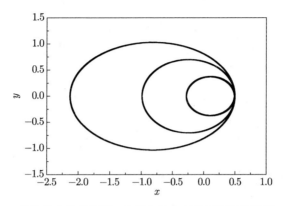

图 4-4　最美的曲线是椭圆，计算它的曲率及证明开普勒第二定律

● 另外，数值求解运动微分方程比用守恒律和开普勒第三定律的好处是：完全确定了行星绕日一周所需的时间。费恩曼设计的这个数值计算问题启示同学们：通过尝试和纠错，学会一种探索的创造精神。

【例 4-3】　椭圆是一类非常独特和精美的曲线。除了数学上可以定出它的几何特性外，我们可以利用物理方法，求出长轴和短轴两个端点的曲率半径。

已知一个粒子在平面上运动的分量解为：$x(t) = A\cos\omega t$，$y(t) = B\sin\omega t$，其中 A、B 和 ω 是三个常量。粒子的轨迹方程为消去时间 t，两个坐标分量所满足的方程，即 $\dfrac{x^2}{A^2} + \dfrac{y^2}{B^2} = 1$。将 $x(t)$ 和 $y(t)$ 对时间求导，给出行星 (处理为一个质点) 在 t 时刻的速度和加速度在 x 和 y 轴的投影，它们是

$$v_x = -A\omega\sin\omega t, \quad a_x = -A\omega^2\cos\omega t; \quad v_y = B\omega\cos\omega t, \quad a_y = -B\omega^2\sin\omega t$$

$$(4.1.10)$$

初学者应牢记在心的是：选择不同形式的坐标系是为了研究问题的方便，除非"问题"强迫你做规定的事情；同时，按照伽利略的经典力学绝对性原理，物理量不随惯性坐标系的变化而变化。巧合的事情总能发生，你只要在图形中画出一些量 (这是费恩曼推荐的方式之一) 就立刻明白了。在长轴右端点 $(A, 0)$ 处，$\cos\omega t = 1$，法向加速度 $a_n = -a_x = A\omega^2$，此处曲线的曲率半径由法向加速度公式 $a_n = \dfrac{v^2}{\rho_A}$ 计算得出：$\rho_A = (B\omega)^2/(A\omega^2) = B^2/A$。根据对称性的合理猜

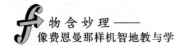

测，椭圆曲线在半短轴处的曲率半径为：$\rho_B = A^2/B$。

• 费恩曼在《物理学讲义 (第 1 卷)》中，没有使用过多的数学，以体现普通物理的有趣味道；但他也认识到，一些学生从高中进入大学，他们对一些课程 (缺乏新意) 失去了兴趣。解决这个矛盾的方式是："step by step" 地引进不可避免的数学，并应用于一些著名的问题。除此之外，别无良策。

【例 4-4】 试用极坐标系中加速度的表示和有心力造成的角动量守恒，证明开普勒第二定律。

同学们当然知道这个也称为"面积定律"的内容：对任一行星，它的位置矢量 (以太阳为参考点) 在相等的时间内扫过相等的面积。现以太阳为极点，沿椭圆长轴方向为极轴，建立一个极坐标系，其中极角 θ 的正方向顺着行星的运动方向。

设在 t 到 $t + \Delta t$ 的时间内，行星的位置矢量转过 $\Delta\theta$ 角度，其扫过的面积 $\Delta S \simeq \frac{1}{2} r^2 \Delta\theta$，那么面积速度等于

$$\dot{S} = \lim_{\Delta t \to 0} \frac{\Delta S}{\Delta t} = \frac{1}{2} r^2 \dot{\theta} \tag{4.1.11}$$

在极坐标系中，行星的加速度的矢量表示为 $\boldsymbol{a} = a_r \boldsymbol{e}_r + a_\theta \boldsymbol{e}_\theta = (\ddot{r} - r\dot{\theta}^2)\boldsymbol{e}_r + (2\dot{r}\dot{\theta} + r\ddot{\theta})\boldsymbol{e}_\theta$。因为行星的加速度 $\boldsymbol{a}$ 恒指向太阳，即行星加速度的径向分量为 $a_r = -a$，角向分量 $a_\theta = 0$，所以

$$a_\theta = 2\dot{r}\dot{\theta} + r\ddot{\theta} = \frac{1}{r}\frac{\mathrm{d}}{\mathrm{d}t}(r^2\dot{\theta}) = 0 \ \Rightarrow \ r^2\dot{\theta} = C \tag{4.1.12}$$

比较 (4.1.11) 式和 (4.1.12) 式，故得证开普勒第二定律。

这个是笔者常年为北京师范大学励耘实验班主讲"力学"时，在"质点运动学"一章的保留例题。也曾在北京航空航天大学吴大观人才班的"大学物理 (上)"的讲堂上，用板书的形式仔仔细细地推导。从同学们的眼神中可以看出，他们懂了。

4.2　仿照费恩曼提一些奇趣问题

物理世界这么大，我们听从费恩曼先生的话去探险！费恩曼引以自豪的是：他把他所知道的好东西呈现给了人们，并且还把如何获取好东西的方法告诉给了大家 —— 这就是：

> **相关性、类比性、思想实验**

费恩曼希望学生集中注意那些本质的东西，这与有些教师目标在于提高学生考试成绩，另一些教师侧重于同后续课程的衔接或者将来的实际应用都不同，他所追求的是：物理学家们看待这个世界的方式。当年，许多学生害怕费恩曼的课，在课程进行过程中，注册的学生的出勤率惊人的下降，但同时越来越多的教师和研究生开始参加听课。教室仍然满座，费恩曼可能一点也不知道他已失去了他预期的一些听众。费恩曼后来检讨认为，他自己的教育努力并不成功。不过，曾听课的学生和教师后来都异口同声的赞许，听费恩曼的两年物理课是他们一生中难忘的经历。

让我们回到现实：吸取费恩曼先生的很大部分成功的要素，克服他那些很小部分的理想主义。以逻辑、俏皮 (幽默是智力的体现)、管用的例子，依次审视，各个击破，割断消极厌学的乱麻，彻底将物理畏难情绪逐出知识链条之外。

同时，我们老师也会从教学中获得愉悦与提高。费恩曼有言在先，认为教课对自己的研究很有好处。他说："如果你在教一门课，你可以思考那些已经熟知的基本的东西。…… 有没有更好的方式去表达它们？有没有与此相关的新问题？你可以从此得出什么新思想吗？…… 学生们的问题常常是新的研究工作的源泉。他们时常问我一些深入的问题，是我曾考虑过多次而暂时搁下了的 …… 他们的提问唤醒了我去思考有关的一些问题。靠你自己是不容易想到这些东西的。因此，我发现进行教学和同学生接触会使生活充实。"

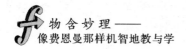

4.2.1　你能超过重力加速度吗？

刚体力学 —— 假如"转动"是答案，那么什么是问题呢？可能费恩曼觉得刚体问题属于比较简单式的混杂，所以他在《物理学讲义 (第 1 卷)》中没有给出漂亮的例子。仅考虑了定轴转动和定点转动 (回转仪) 两种情况，对于前者，他说："转动就是研究角度随时间的变化"；对于后者，它虽然有趣，但图像过于复杂。其实，在刚体的平面复合运动中，有许多可供学生思考的好问题，甚至激发他们自己动手做几个小实验。

刚体的平面运动是指刚体上各点在平面内运动，且这些平面均与某一平面平行。这一运动可分解为随基点的平动和绕基点的转动。在运动学中，基点的选择是任意的；而在动力学中，为方便起见，通常把基点选择在质心或定轴之上。

这类问题很多、很综合、很有规律，有些结果也很出人意料，比如，打击中心、纯滚动、定轴转动的杆，等等。

【例 4-5】　一长为 L、质量为 m 的细杆，用绳子把它的两端悬挂在天花板。如果绳子一端突然断开，那么绳子另一端瞬间受到的拉力为多大？

这个题目有两种方法：一是以拉杆绳子的末端为转轴。隔离物体，受力分析，建立如图"二维"坐标系，其中符号 $\otimes$ 表示以 A 点为转轴，顺时针旋转 (右旋) 为正方向 (图 4-5)，也就是费恩曼所讲的"轴矢量"的方向。根据质心运动定理和刚体定轴转动定理，有

$$mg - T = ma_C, \quad mg\frac{L}{2} = I_A\alpha_A = \frac{1}{3}mL^2\alpha_A, \quad a_C = \alpha_A\frac{L}{2} \tag{4.2.1}$$

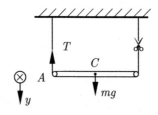

图 4-5　剪断悬挂日光灯一端线的瞬间，另一端线的拉力为多大

其中，最后一个等式表示杆在开始绕左端定轴转动时，其质心线加速度与杆绕 A 点转动的角加速度的关系。所求结果为

$$T = \frac{1}{4}mg, \qquad a_C = \frac{3}{4}g \tag{4.2.2}$$

第二种方法是以质心 C 为转轴。在这种情况下，坐标原点选在杆的质心上，有

$$mg - T = ma_C, \quad T\frac{L}{2} = I_C\alpha_C = \frac{1}{12}mL^2\alpha_C, \quad a_C - \alpha_C\frac{L}{2} = 0 \tag{4.2.3}$$

最后一个等式与 (4.2.1) 式的意义不同，利用了杆在开始运动时，其左端点静止的条件，这相对于"纯滚动"条件。结果同上。

● 从这个并不是偏和怪的例题中，能总结出什么有意义的事情呢？①合力矩是改变角加速度的原因，两者方向相同，这点在研究纯 (无滑) 滚动问题时，对滚动摩擦力方向的判断有帮助，即滚动摩擦力的方向不是由转动方向确定，而它是与转动快慢的趋势相一致。②开始时绳子的拉力小于杆重的一半，表明杆失重了，它处于向下加速度为 $\frac{3}{4}g$ 的非惯性系中，而绳子拉力作为一个真实力而不是费恩曼定义的"赝力"，其不随坐标系的不同而改变。说白了，如果未断绳子的上端点用一个弹簧秤相连接，人们在地面与杆上的一个小摄像头来看读数是一样的。③杆在接下来的运动就复杂了，我们无能为力。

【例 4-6】　一个细杆通过铰链竖直地立在桌面上，对其微扰下翻。试给出杆与桌面的夹角 θ 满足何条件，杆上端加速度的竖直分量大于重力加速度。

若选杆与桌面的链接点为转轴，则桌面对杆的作用力对杆的转动不起力矩作用。隔离物体，受力分析，以杆竖直时的质心为势能零点，见图 4-6。根据定轴转动定理和机械能守恒定律，有

$$mg\frac{L}{2}\cos\theta = \frac{1}{3}mL^2\alpha, \quad 0 = \frac{1}{2}\left(\frac{1}{3}mL^2\right)\omega^2 - mg\left(\frac{L}{2} - \frac{L}{2}\sin\theta\right) \tag{4.2.4}$$

杆的上端进行一个半径为 L 的变速率圆周运动，它的切线和法线加速度分量分别为

$$a_t = \alpha L, \quad a_n = \omega^2 L \tag{4.2.5}$$

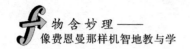

注意，这里脚标"t"不是取自"time"而是英文单词切线"tangent"的词头，脚标"n"来自于"normal"（正常、标准、[数学] 法线）。

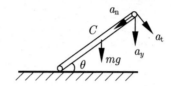

图 4-6　一端固定的杆在倒下过程中，另一端点加速度的竖直分量等于何值？

写到这里，让笔者插一个小花絮：为什么培养教师的学校叫"师范大学"(Normal University) 而不称"教育大学"呢？1810 年，拿破仑侵占意大利北部，创设了一所教育研究机构起名叫 Normale，意大利语的意思是"输出规范"，所以，19 世纪培训教师的学校都叫 Normale，这就是英文 Normal 的来源。

将方程 (4.2.4) 的解 α 和 ω^2 代入 (4.2.5) 式，杆上端加速度的 y 分量 a_y 不是 a_t 和 a_n 的合成，而是两者在 y 方向上的投影之和，即

$$
\begin{aligned}
a_y &= a_t \cos\theta + a_n \sin\theta \\
&= \frac{3g}{2}\cos^2\theta + 3g(1-\sin\theta)\sin\theta
\end{aligned} \tag{4.2.6}
$$

令其大于 g，解一元二次不等式，结果是

$$
\sin\theta \leqslant \sqrt{\frac{1+\sqrt{2}}{3}} \tag{4.2.7}
$$

这意味着发生了一个有趣的现象：如果在杆的上端放一忽略质量的小物体，那么当杆倒下至以上角度时，小物体将离开杆。

这个题目是从赵凯华先生《新概念物理教程力学》[25] 第四章的一道思考题演变而来。原题是问杆从什么位置释放，它的上端点 $a_y \geqslant g$？这种情况下，杆端点速度等于零，因此没有法线加速度。所以

$$
a_y = a_t \cos\theta = \alpha L \cos\theta = \frac{3}{2}g\cos^2\theta \geqslant g, \quad \cos\theta \geqslant \frac{\sqrt{6}}{3} \tag{4.2.8}
$$

该临界角度小于 (4.2.7) 式，这是合理的。同样，我们也希望从该题中悟出点"套路"来，以备后用。求速度或角速度要用机械能守恒律，求角加速度要从转动定理出发。

● 费恩曼的讲授不追求数学上的严格，也不落实于具体的应用，而是通过引人入胜的叙述，运用丰富而生动的例证以及深刻而精辟的议论，透彻地讲解各种物理现象的本质。一般来讲难以模仿，并且前两条有点儿偏激。作者在长期的教学实践中，摸索出"三位一体"课堂讲授方案：①图像与公式的"耦合"；②逻辑与步骤的"共振"；③溯源与探究的"合成"，目标在于向科学靠近。比如关于图像化的重要性，费恩曼在接受一位历史学家采访时强调指出："图像化 —— 不断地图像化才行。"

📖 扩展阅读：P5. 重视示意图和结果图

4.2.2　多普勒效应：你交通违章了吗？

多普勒 (Doppler Christian Andreas，1803—1853，奥地利物理学家) 于 1842 年首先想到这样一个问题：观察者接近或远离声源或光源时，他的感官能觉察声波或光波波长的变化吗？于是，他大胆地提出：正因为如此，星球看起来才有各种颜色。他认为，一切星球本都是白色的；而许多星球看上去带上了颜色，那是因为它们正在迅速地接近或远离我们。本来是白色的星球接近我们时，就会向地球上的观察者发出能使它产生绿、蓝或紫色感觉的光波；而这些白色星球远离我们时则发出黄、红色感觉的光波。

这个见解很新颖独特，但无疑是错误的。我们的眼睛如能觉察到因运动而引

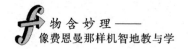
起的颜色的变化,首要条件是它必须具有极大的速度。即使有了这一点也不行,因为白色星球发出的蓝色光线变成紫色的同时,它的绿色光线会变成蓝色的,紫色的光线会挤占紫外线的位置,而红外线也会挤占红色光线的位置。总之,白光中的各种成分依然不定期存在,尽管所有颜色的光谱上的位置变动了,但这些颜色合成起来不会引起我们视觉的变化。

这里,笔者想起了一本科普著作所讲的一位物理学家 (W)"交通违章"的轶事。一次,由于 W 的车速过快,来不及刹车闯了红灯,警察 (J) 要对他处予罚款。这时,W 就给 J 讲起了道理:坐在疾驰的车里,红色信号灯被看成绿色的。假如这位 J 精通普通物理学,他就能算出,汽车的速度只有达到 13 500 万千米/小时,W 的托词才能成立。

【例 4-7】 计算是这样的:设光源 (信号灯) 发出的光的波长为 l,观察者 (车中的 W) 觉察到的光的波长为 l',车速为 v,光速为 c。这些物理量之间的关系为

$$\frac{l}{l'} = 1 + \frac{v}{c} \tag{4.2.9}$$

我们知道,红色光线的最短波长为 0.000 63 毫米,而绿色光线的最长波长为 0.000 56 毫米,又知道光速为 300 000 千米/秒。把这些数据代入上面的式中,有

$$\frac{0.000\,63}{0.000\,56} = 1 + \frac{v}{300\,000} \tag{4.2.10}$$

汽车的速度应是:$v = 37\,500$ 千米/秒 $= c/8$,即 13 500 万千米/小时。以这样的速度,W 一小时多一点时间能从 J 身边驰到比太阳还远的地方。

声波的多普勒效应现已用于医学的诊断,即"彩超"。其工作原理是,当声源与接受体 (即探头和发射体) 之间有相对运动时,回声的频率有所改变,然后经过信号处理,实时地叠加在二维彩色图像上。

● 让数据说话,是我国目前物理教育中比较欠缺的环节。在 2016 年 9 月,笔者应中国科学院高能物理研究所教育处的邀请,给该所硕士研究生和新入职的年轻职工作"批判性思维在科学研究中的作用"的报告。也谈到这个笑话,但笔者的问题是:什么是一个好的论文标题?那么,把"你交通违规了吗?"这个标

题换成"当运动物体速度多大时会发生'红绿波移'现象？"在学术上会更好一些。文章标题起得越吸引人、越新颖、越明确，就越能打动评审人和读者。

4.2.3　是热还是功？

在热物理学范畴内，改变体系总能量 (内能) 的方式，亦即系统与外界相互作用的方式有三种：传热、做功和物质变化。对于一个微小过程，热力学第一定律可表为

$$\mathrm{d}U = \mathrm{d}Q - p\mathrm{d}V + \mu\mathrm{d}N \tag{4.2.11}$$

等式右端分别为系统从外界吸热 $(\mathrm{d}Q)$、系统对外做功 $(p\mathrm{d}V)$ 牺牲的自身能量和由外界向系统增加粒子数所做之功 $(\mu\mathrm{d}N)$。三项都等于零的系统为孤立系统，第三项为零的系统为封闭系统，三项均不等于零的系统为开放系统 (系统与外界既有能量也有物质交换)。包含了这三项的一个有趣例子是升空的热气球 (图 4-7)，它与周围环境存在热、力学和扩散的相互作用，进而其本身的能量、体积和粒子数发生变化。当然，这些相互作用并不都是在平衡态下发生的。

在热物理学中，除了物质本身的变化外，所有的相互作用分为两类：非热即

图 4-7　升空的热气球包含了三种热力学相互作用

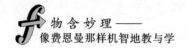

功。我们只要应用一个定义，另一个就别无选择地界定了。在分辨热量和功两件事上，我们必须小心谨慎。我们这样定义热量：热是当一冷一热两个物体互相接触时，两者之间的相互作用；因此，功的定义就随之而生：功是除了热量以外的任何一种相互作用。

事实上，冷热物体接触时，我们也观测不到其间发生了什么，我们感觉到的是发生的结果，也就是冷物体热起来，热的物体冷下去。我们把其间发生的相互作用称为热量。如果怀疑某个相互作用究竟是不是热，那么可以用一个热绝缘物来测试确定。常见的热绝缘物有：木头、衣服、皮毛和羽毛之类的东西。将它放在两个冷热物体之间，看看两者自身的温度的变化率是否受影响了。如果减缓了，那么此相互作用就是热；若没受影响，则此相互作用就是功。

【例 4-8】 费恩曼用一张熊皮来判断某种相互作用是热还是功。

假设将一个电池串联在一个开关和电热板之间，电热板上放一桶水。若把电池看成一个系统，即关心的对象，则为了区分它与外界，我们用虚线把它圈起来，代表它和外界的边界 (图 4-8)。现在闭合开关通电，电池给电热板供电，就开始给桶里的水加热。那么我们不禁要问：电池和外界的相互作用是热？还是功？答案是功！为什么呢？请看以下分析。

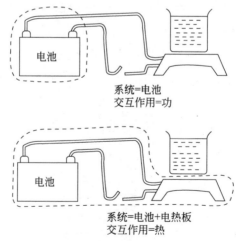

图 4-8 是功还是热? 得看系统的边界划分在哪里 (本图来自文献 [26])

电池供电给电机，驱动绞盘，可以拉起一个物体。这样一来，外界唯一发生的事情就是举起一个重物 (这是吉布斯定义功的方法)。当然，我们可以用热量的定义来解答该问题。若找一块"熊皮"包住电池，则可发现，那桶水加热的速率和"熊皮"无关。因此，相互作用不可能是热量，而必然是功了。

如果我们把系统定义为电池和电热板 (图 4-8)，而水不在内，也就是我们将边界画在电热板和桶水之间，那么，系统和外界的相互作用还真的就是热。这是因为用一张"熊皮"就可以减缓那桶水被加热的速率。看起来"什么会发生"取决于我们"如何定义"事物，尤其是对系统的定义。倘若所有的变化都在边界以内，那就没有什么相互作用了，既无热量交换也无需做功了。

4.2.4　多冷才算不热?

费恩曼常常把两件对立的表述放在一起，进而达到意外惊人的效果，也只有这样，晦涩的理论才能被初学者所接受。如果以光速为标准，那么低速的牛顿力学向接近光速的相对论力学的过渡，就一目了然。人们不禁要问：经典物理向量子物理的过渡条件又是什么呢?

怎样使某种东西变得冷一些? 要使某个东西变得热一些是比较容易的。例如，在寒冷的夜晚，如果你需要让自己暖和起来，几乎不用或者根本不用技术就可以生起一堆火来。但是，在炎热的日子里要想凉快下来那就是另外一回事了。加热和冷却的差别反映在人类的历史中。远在史前，自从普罗米修斯偷偷地得到了火的秘密以来，我们就一直使用着火。但是让东西冷下来 —— 制冷 —— 其时间比活着的老人长不了多少。20 世纪 80 年代以来，低温技术最重要的进展是激光冷却技术。激光冷却是指用激光去影响原子的运动，使得原子冷却或捕陷在一个小范围内。它的物理机制是基于原子对光子的吸收、再发射以及反冲。

要给出刚才的科学问题的明确答案，即在什么情况下必须用量子模型来代替经典模型，评判的标准有普朗克常量、德布罗意波长、温度等。如果以温度来衡量，那么比较的基准是室温吗? 否! 现以金属银中的自由电子为例，给出一些量的数量级。

83

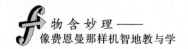

金属的最简单的模型是自由电子模型：认为组成金属的原子都可分解为离子实 (原子核加上核外的内壳层电子) 及价电子，离子实处于一定的空间点阵上形成金属的骨架 (晶格)，而价电子脱离了离子实的束缚在空间点阵内自由运动。在初级近似下，忽略原子实产生的电场及电子间的库仑作用，则金属中的电子气可以看成理想气体，服从费米-狄拉克分布。又因为电子质量轻、电子气密度大，所以自由电子气体是简并气体，亦即量子效应强。

【例 4-9】　经典和量子的分界线在哪儿？

金属银中的自由电子是单价的，即每个原子有一个价电子。银的密度为 $10.5 \times 10^3 \ \text{kg/m}^3$，它的相对原子质量是 107，有

$$\frac{N}{V} = 10.5 \times 10^3 \frac{\text{kg}}{\text{m}^3} \times \frac{1 \ \text{kilomole}}{107 \text{kg}} \times \frac{6.02 \times 10^{26} \ \text{atoms}}{\text{kilomole}} = 5.90 \times 10^{28} \ \text{m}^{-3}$$

因为银是单价的，所以这也就是电子气的浓度。费米能等于

$$\begin{aligned}
\varepsilon_{\text{F}} = \mu(0) &= \frac{h^2}{2m} \left(\frac{3N}{8\pi V} \right)^{2/3} \\
&= \frac{(6.63 \times 10^{-34})^2}{2 \times 9.11 \times 10^{-31}} \left(\frac{3 \times 5.90 \times 10^{28}}{8\pi} \right)^{2/3} \\
&= 8.85 \times 10^{-19} \text{J} \times \frac{1 \ \text{eV}}{1.6 \times 10^{-19} \text{J}} = 5.6 \ \text{eV}
\end{aligned}$$

费米温度是

$$T_{\text{F}} = \frac{\varepsilon_{\text{F}}}{k_{\text{B}}} = \frac{5.6 \ \text{eV}}{8.62 \times 10^{-5} \ \text{eV} \cdot \text{K}^{-1}} = 65 \ 000 \ \text{K}$$

在室温下，$T \ll T_{\text{F}}$，电子气体是简并的。这就是说，即使对摄氏六万度的如此"高温"，对金属而言也是"冷"的，必须采用量子模型 [27]。

4.3　量子思维

现在你正在思考。想一想，准确地说，你现在正做什么？当你思考之时你大脑中正在发生什么？与我们的大脑比较起来，我们对于宇宙基本规律、原子核以

及我们身体的认知要多得多。牛顿给出了连接地球和星体的引力规律，爱因斯坦给出了物质-能量公式，沃森和克里克破解了基因遗传密码，但是大脑的模型至今还没有真正建立起来。如果未来的十年里我们没有获取新思想，生活会怎样呢？我们对于夸克和纳米技术作何感想呢？我们如何与他人谈话呢？当然了，思想是积累的，我们伴随着思考成长，并因此而改变我们将来的思考能力。从广泛的意义上讲，没有量子思维 (可以期望但不确定)，就不能算作一个现代人，以至于《量子力学 (幼儿版)》应运而生 —— 学量子力学，从娃娃抓起。

4.3.1　应以抽象的方式来理解原子

《费恩曼物理学讲义 (第 3 卷)》涉及了量子力学。相比较而言，第 1 卷主要内容是力学，内容显得简单；第 2 卷的核心知识为电磁学，内容格局庞大；第 3 卷最为精彩，正像他的撰写合作者 M. 桑兹教授所言：量子力学的故事是属于费恩曼的。

费恩曼在讲授量子力学的行为时，一开始就明确地告诉读者：因为原子的行为与我们的日常经验不同，所以很难令人习惯，而且对每个人 —— 不管是新手，还是有经验的物理学家 —— 都显得奇特而神秘。甚至专家们也不能以他们所希望的方式理解原子的行为，而且这是完全有道理的，因为一切人类的直接经验和所有人类的直觉都只适用于大的物体。我们知道大的物体的行为将是如何，但是在小尺度下事物的行为却并非如此，所以我们必须用一种抽象的或想象的方式，而不是把它与我们的直接经验联系起来的方式来学习它。

4.3.2　费恩曼解释电子双缝干射

费恩曼青睐于用系综的观点来理解电子双缝干射实验。实验告诉人们，对同样的系统的观测，不会每次都给出确定的结果。但是，我们也不能相信所谓的"叠加"是一种实际上的存在，电子不可能既通过左边又通过右边！我们的结论应该是：对于电子的态矢量，它永远都只是代表系统"全集"的统计值，也就是一种平均情况。

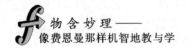

什么叫只代表"全集"呢？换句话说，当我们写下：

$$|电子\rangle = \frac{1}{\sqrt{2}}\left(|穿过左缝\rangle + |穿过右缝\rangle\right)$$

这样的式子时，所指的并不是"一个电子"的运动情况，而是无限多个电子在相同情况下的统计平均。这个式子只描写当无穷多个电子在相同的初状态下通过双缝，或者，一个电子无穷次地在同样的情况下通过双缝时会出现的结果。根据量子论，世界并非决定论的，也就是说，哪怕我们让两个电子在完全相同的状态下通过双缝，观测到的结果也不一定每次都一样，而是有多种可能。而量子论的数学所能告诉我们的，正是所有这些可能的"系综"，也就是统计预期。

如此一来，当我们说"电子 = 左 + 右"的时候，意思并非指一个单独的电子同时处于左和右两个态，而只是在经典概率上指出它有 50% 的可能通过左，有 50% 的可能通过右罢了。当我们"准备"这样一个实验的时候 (即定义了观测方式之后)，量子论便能够给出它的系综，在一个统计意义上告诉我们实验的结果。不过，你非要关心单个电子，问它是如何通过双缝并与自己发生干涉，最后在屏幕上打出一个组成干涉图纹的一点的？系综理论对这个问题什么都没说，在它看来，所谓"单个电子通过哪里"之类的问题，是没有物理意义的！如果我们不自量力地想去追寻更多，那只不过是自讨苦吃。

所以，电子永远只是粒子，波动性只能用来描述粒子的"全集"；单个猫的死活是无意义的事件，我们只能描述无穷只猫组成的"全集"(图 4-9)……

图 4-9　活猫和死猫的叠加

20 世纪 40 年代，费恩曼对干涉条纹如何在双缝实验中产生的问题极为好奇。当双缝都打开发射分子时，发现的条纹不是两次实验模式之和：即一次只让一道缝打开，另一次让另一道缝隙打开。相反地，当双缝都打开时，发现一系列亮暗条纹，后者是没有粒子打到的区域。这意味着如果只有"缝隙一"打开时，粒子会打到黑条纹的地方，而当"缝隙二"也打开时，就不会打到那里去。仿佛粒子从源到屏幕的旅途中的某处得到了两道缝隙的信息。这类行为与日常生活中事物显示的行为方式彻底不同，在日常生活中一个球穿过一道缝隙的路径不受另一道缝隙的影响。

根据牛顿物理，每个粒子都独立地遵循着一条从源到屏幕的明确定义的路径，在这个图像中就没有粒子在途中迂回访问每道缝隙邻近的余地。然而，根据量子模型，粒子在它处于始终两点之间的时刻没有明确的位置。费恩曼意识到，不必将其解释为粒子在源和屏幕之间旅行时没有路径，反而粒子将采用连接那两点的每一条可能的路径。费恩曼构想出一个数学表述：**路径积分**求和，其重现了量子物理的所有定律。

用费恩曼路径积分的思想来理解双缝实验结果。粒子采取只通过一道缝隙或只通过另一道缝隙的路径；还有穿过第二道缝隙回来，然后再穿过第一道缝隙的路径，等等。按照费恩曼的观点，这就解释了粒子如何得到关于另一道缝隙开放的信息。如果一道缝隙开放，粒子穿过它的路径；当两道缝隙开放时，粒子穿越一道缝隙的路径会和穿越另一道缝隙的路径发生影响，引起干涉。

费恩曼关于量子实在性的观点，给出了一个显示如何从量子物理产生一个牛顿世界的特别清楚的图像。想象一个简单的过程，一个粒子在某一位置 A 开始自由运动。在牛顿模型中，这个粒子将会沿一直线运动，在以后的某个时间位于直线上的一个明确位置 B。在费恩曼模型中，一个量子粒子体验每一条连接 A 和 B 的路径，从每个路径获得一个相位数。相位代表在一个波的循环中的位置，也就是该波在波峰或波谷，或者在它们之间的某个位置。当把从所有的路径的波叠加在一起时，就得到粒子从开始到达 B 的概率幅度，而概率幅度的平方给出粒子达到 B 的概率。

　　根据费恩曼的量子理论，与每一条路径相关的相位依赖于普朗克常量。因为普朗克常量非常之小，当把从相互靠近的路径的贡献相加时，其相位通常强烈地变化，这样一来，它们多半相加为零。但是，存在某些路径，它们的相位具有排列成行的倾向，这些路径是有利的，也就是说，它们对于粒子的被观察行为作出较大贡献。对于大物体而言，非常类似于牛顿理论预言的路径一定具有相似的相位，而且叠加起来求和给出了最大的贡献。这样一来，仅具有有效地大于零的概率的终点正是牛顿理论预言的那个，而该终点的概率非常接近于1。因此，大物体正如牛顿定律所预言的那样运动。

　　量子物理中的概率反映了自然中的基本随机性。自然的量子模型包含了不仅与我们日常经验也和我们实在性的自觉观念相矛盾的原理。牛顿物理与量子物理的本质性差异，有以下几点。

　　(1) 量子物理是"历史求和"或"可择历史"，粒子在经典情形下其路径是一定的，而在量子意义上变成了可能。

　　(2) 观测系统必然改变其过程。量子物理承认，进行一次观测，你必须与正在观测的对象发生相互作用，正好像一束光照射到一块石头上，对其不产生任何影响，而当一束哪怕很微弱的光线，照射到极小的量子粒子，即把光子打到它上面，会有新的效应出现。

　　(3) 延迟选择。这是物理学家约翰·惠勒提出的一种实验，把决定是否去观测路径推迟到粒子打到检测屏幕前的一瞬间完成。例如在电子双缝实验中，每个粒子所采取的路径，即它的过去，是在通过缝隙之后很久才确定的，大概粒子在此前就应"决定"它是否只穿过一道缝隙不产生干涉，或者穿过两道缝隙产生干涉。

　　所以，费恩曼说："双缝实验包含了量子力学的所有秘密"(图 4-10)。

4.3.3　诗和远方是一对测不准变量

　　量子物理只有一些方面是必需的，关键特点之一是波/粒对偶性。物质粒子像波那样行为使人惊讶，而光像波那样行为就不再令人惊奇。牛顿说光不是一个

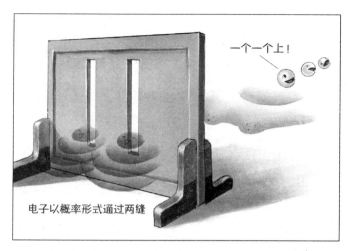

图 4-10　电子双缝实验包含了量子力学的所有秘密*

波时他是错了，但当他说光能以仿佛是由粒子组成的那样行为时，他是正确的。我们今天将它们称为光子，比如 1 瓦的夜灯每秒就发射出 100 亿亿个光子。单独光子通常是不明显的，但是能在实验室产生出微弱的一束光，它由一串单独的光子组成，可以把它们当作单个检测。如果单独粒子与其自身相干涉，那么光的波动性质就不仅是一束或一大群光子的性质，而是单个光子的性质。说句俏皮话，浪漫与前景，即诗与远方在物理学中是否也具有对偶性？

　　美国作家马克·吐温 (Mark Twain，1835—1910) 写道：科学是一个奇妙的东西。你能从那么小的一点事实猜测出那么多的东西来。他是有点嘲笑的意思，但有时这些猜测真的就淘出了金子。因原子理论的新形式，而获得 1933 年诺贝尔物理学奖的狄拉克 (Paul Dirac，1902—1984) 对诗歌评价甚低，他说："当我写作时，我总是试图以简洁的形式来表达艰深的思想。但在诗歌里，则恰恰相反。"这可从狄拉克所著的、圣经般的《量子力学原理》中体会出来。计算机之父冯·诺依曼 (Jonh von Neumann，1903—1957，匈牙利裔美籍数学家、物理学家和化学家) 评价：此书的简洁是很难超越的；吴大猷 (1907—2000，被誉为

* 本图选自《量子世界巡游记：来自宇宙的洪荒之力》(清华大学出版社，2018)。

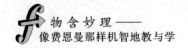
中国物理学之父，他的学生有杨振宁、李政道、黄昆、朱光亚等) 说，书中的东西不知是怎么想出来的，不可琢磨。费恩曼有过对狄拉克不尊的举动，但是他们俩都鄙视将一件很简单的事情搞得非常复杂的作品。当下的科学共同体形成了某种共识：著作的公式越多，读者就越少；文章的标题越短，引用就越多。悟出道理或经高人 (费恩曼先生属于此类) 的指点，你才会走得更远。我们教师应该教导学生：要敢于怀疑、好奇、不揭开谜底绝不罢休。

第5章 触类旁通，悟出真谛

在《物理学讲义（第 1 卷）》中，费恩曼信心满满地说道："在我们知道了旧现象的规律之后，能借助于已知现象来解释新现象这件事，或许是数学物理学的最伟大艺术。物理学家要解决两个问题：一个是给定了方程之后求出解答，另一个是找出描写新现象的方程。"类比的重要性就不言而喻了，例如：洛伦兹变换和空间轴转动的类比；力学中受迫阻尼谐振子系统可以用来类比许多问题，R-L-C串联电路，甚至检测一辆汽车的抗颠簸性能。它易于建立、易于测量、易于调节、易于破坏。费恩曼称其为"模拟计算机"。

提高相关性。目前物理课程的讲授方式和内容与同学们的兴趣点相关度不高。为什么十几岁的孩子会失去对科学与工程的兴趣？很简单，因为十七八岁的孩子对自己熟悉的事物感兴趣且能理解，远超过抽象的、遥远的问题。一些学生感兴趣的往往是能够给社会带来价值的领域，比如，环境工程、生物物理、物理教育等。你先给他们讲生活中的力学，然后再给他们讲宇宙飞船、万有引力。只要教师设计出相关性较强的课程内容，就能把学生们吸引住。

5.1　费恩曼用特有的方法研究主流问题

费恩曼于 1918 年生于纽约，他出生的太晚，已错过物理学的黄金时代——20 世纪的前 3 个 10 年——用相对论和量子力学改变了我们的世界观的革命。这些发展奠定了现今新物理学大厦的基础。费恩曼从这些基础出发，帮助建成了新物理学的第一层。他的贡献触及新物理学的几乎每一个角落，并且对物理学家思考自然和宇宙的方式有深刻而持久的影响。

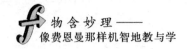

费恩曼在很年轻的时候便已熟练掌握人们已接受的物理原理,并且他选择的研究对象几乎完全是常规问题。他不是那种在传统的约束中、在孤独中偶然碰到深奥的新结果的天才。他的特殊才能是用特有的方法去研究仍属于主流方向的问题。大部分理论物理学家都依靠细心的数学计算作为把自己带进未知领域的拐杖,费恩曼的态度却几乎是一种优雅的绅士风度。他给你的印象是,他能够像读一本书一样地读大自然,只是简单地报道他发现的东西,而没有冗长的复杂分析。

的确,在以这种方式追求自己的兴趣时,费恩曼显示了对严格的形式体系的蔑视。费恩曼的风格在很大程度上来自他的个性。物理世界在他面前呈现出一系列迷人的难题和挑战。他一辈子都是一个爱开玩笑的人,只要他发现现有的规则是专横无理或是愚蠢荒谬的,他就毫不客气地打破它们。但他却对稀奇古怪和晦涩难解的东西非常迷恋。

一位诗人曾说过:"这个宇宙就在一杯葡萄酒中。"费恩曼认为[10]:我们大概永远不会知道他是在什么意义上说的这句话,因为诗人写诗不是让人们去读懂的。但是如果我们足够细致地观察一杯葡萄酒,我们的确能看到这个宇宙。这里有物理学的东西:涡动的液体,它的蒸发依赖于风和天气。玻璃上的反射,我们想象的原子。玻璃是地球上岩石的提纯物,在它的成分中我们看到了宇宙年龄和恒星演化的奥秘。葡萄酒中的种种化合物有怎样奇特的排列?这些化合物是怎样产生的?这里有各种酵素、酶、基质和它们的生成物。在葡萄酒中,发现了伟大的结论:整个生命就是发酵。所有研究葡萄酒化学的人都会像巴斯德那样,发现许多疾病的原因。红葡萄酒多么鲜艳!把它深深铭刻在你的脑海中吧!我们微弱的心智为了某种便利,把这杯葡萄酒 —— 这个宇宙分为几部分:物理学、生物学、地质学、天文学和心理学等。

费恩曼从一杯酒来窥视宇宙,这不是牵强附会,而是对自然有着深刻的理解。假如你也能如此,那么你就可以轻松地驾驭知识。当然了,这个故事还能够继续演绎下去,如果你旋转酒杯,那么将会发现,葡萄酒的表面呈现抛物线状,……

5.2　像费恩曼那样地思考

费恩曼在加州理工学院的 35 年 (1952—1987) 中，创下了讲授 34 门课程的纪录。特别是，他在 1961—1962 学年和 1962—1963 学年完整地为本科生开设课程，1964 年又简略地重讲了一次，这次讲课的内容后来被编成了三卷本《费恩曼物理学讲义》。

费恩曼为什么要花上两年多的时间改革基础物理的教学方法呢？大概的原因有三个：第一是他喜欢有一大群听众；第二个是他真诚地关爱学生；第三个而且可能最重要的原因是，按照他自己的理解重整物理学，并传授给年轻的学生，这是一项极富挑战性的工作。将艰深的概念化解为简单的、可以理解的词句，这种特色在三卷本《费恩曼物理学讲义》中都很明显。

今天来看，费恩曼的教学方式也极具常规：全班 180 个学生每周两次聚集在一个大教室中听课，然后分成 15 ~ 20 个学生一组的复习讨论小组由助教进行辅导。此外，每周还有一次实验课。他在《物理学讲义 (第 1 卷)》的序言中写道："在这些课程中，我们想要解决的问题是，使那些充满热情而且相当聪明的、毕业后进入加州理工学院的学生仍然保持他们的兴趣。他们早就听许多人说过物理学如何有趣，如何引人入胜 —— 相对论、量子力学和其他近代概念。但是，当他们学完两年我们以前的那种课程后，许多人就泄气了，因为教给他们的实际上很少有有意义的、重要的、新颖的和现代的观念。要他们学的还是斜面、静电及诸如此类的内容，两年过去了，不免令人相当失望。问题是，我们是否能开设一门课程来顾全那些更优秀、更勤奋的学生，使他们保持求知的热情。"

为此，费恩曼做出了以下的努力，同时指出严重问题所在。

(1) 对于班级中最聪明的学生而言，试图使所有的陈述尽可能准确，在每种场合都指出有关公式和概念在整个物理学中占什么地位，以及应该如何作出修正。

(2) 也希望照顾到另一些学生，对他们来说，这些额外的五花八门的内容和附带的应用只会使他们烦恼。对这些学生，我希望至少有一个他能够掌握的中心

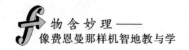

内容或主干材料。

(3) 在讲课的过程中遇到一个严重的困难：没有任何来自学生的反馈信息向我说明讲课的效果如何。

以上全面的尝试和直视问题的胆识，现在看来也正确无比。然而，费恩曼却谦虚地说："我不认为我对学生做得很好"。理由很单纯："当我看到大多数学生在考试中处理问题的方法时，我认为整个这次试验是一次失败。当然，朋友们提醒我，也有那么一二十个学生——非常出人意料地——理解了全部课程中的几乎所有内容，他们非常积极地阅读有关的材料，兴致勃勃地思考各种问题。尽管如此，我不希望让任何一个学生落在后面。我认为，我们能够更好地帮助学生的一个办法就是，多花一些精力去编写一套能够说明讲课中某些概念的习题集。习题集提供了一个充实讲课内容的良好机会，使已经讲过的概念更实际、更完整而且记得更牢。无论如何，我们教师需要不断提高学术水平，这样才能更好地驾驭知识，使课堂教学丰富多彩。

5.2.1 探究最基本的问题

一、极矢量和轴矢量

当我们学习矢量分析的知识时，为了正确地表示角动量、力矩、磁场等物理量而必须使用右手法则。例如，一个在磁场中运动的电荷所受的力是 $F = qv \times B$。这个公式是否足以确定右手性呢？事实上，如果我们回过头来看一看矢量的来由，就会发现"右手法则"只不过是一种约定，是一种巧妙的方法。角动量、角速度等此类物理量根本就不是真正的矢量！它们全都以某种方式与某个平面相关，只是因为空间有三维，才使我们能够将这种量与垂直于那个平面的一个方向联系起来。在两个可能的方向中，我们选择了"右旋"的方向。

存在两类矢量，有一类是"真正的"矢量，比如空间中的位移 Δr。如果在我们的仪器中这里有一个零件，那里有另一件别的东西，那么在一个镜像仪器中，就会有这个零件的像和另一件东西的像，如果我们从这个零件向另一个东西画一个矢量，那么，一个矢量就是另一个矢量的镜像 (图 5-1)。矢量的箭头改变了方向，就好像整个空间翻转过来一样。我们把这样的矢量称为极矢量。

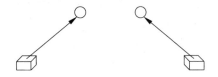

图 5-1　空间中的位移和它的镜像

但是，另一类与旋转有关的矢量具有不同的性质。设想在三维空间中某个物体按图 5-2 所示那样旋转。如果我们在一面镜子中看它，那么，它就会如图所示那样旋转，即像原来旋转的镜像那样旋转。现在，我们约定用相同的规则表示镜像旋转，它是一个"矢量"，在空间反射下并不像极矢量那样改变，而是相对于极矢量和空间几何关系而言在方向上被颠倒过来。这样的矢量称为轴矢量。

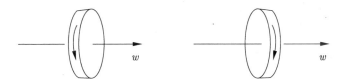

图 5-2　一个转轮和它的镜像，注意角速度矢量在方向上没有被颠倒

二、四维矢量

洛伦兹变换就类似于一种旋转，只不过它是在空间和时间中的"旋转"，这似乎是一个奇怪的观念。这种与旋转的**类比**可以通过计算以下的量来核实：

$$x'^2 + y'^2 + z'^2 - c^2 t'^2 = x^2 + y^2 + z^2 - c^2 t^2 \tag{5.2.1}$$

在这个方程中，左右两边的前三项在三维几何中表示一个点和原点之间距离 (一个球面) 的平方，不管坐标系怎样旋转，它都保持不变 (不变量)。同样，方程 (5.2.1) 表示存在某种包括时间在内的组合，它在洛伦兹变换下并不改变。这种类比表明矢量在相对论中也是有用的。

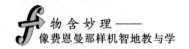
因此,我们尝试把矢量概念推广,使之包括时间分量。也就是说,我们认为应该存在有 4 个分量的矢量,其中 3 个与 1 个普通矢量的分量相似,而这些分量还将与第 4 个分量结合起来,这个分量是时间部分的类比。这个概念在相对论力学中还可以进一步分析,在那里我们会发现,变换关系给出 3 个与普通动量分量一样的空间部分,以及一个第四分量,即时间部分,它就是能量。

三、没有机制阐明万有引力

当开普勒发现这些定律时,伽利略正在研究运动定律。问题是什么使行星绕太阳运转?伽利略发现了引力,却从来没有提出过一种机制,它既能说明引力,又不预言一些不存在的现象。一个值得讨论的题目是爱因斯坦对牛顿引力定律的修正。尽管牛顿引力定律带来了这么大的成就,但是它并不正确!按照牛顿的看法,引力效应是瞬时的,也就是说,如果我们移动一个物体,我们就立刻感觉到一个新的力,因为这个物体已在新的位置上了。用这种手段,我们可以用无穷大的速率发送信号。爱因斯坦提出了种种论据,表明不能以快于光速的速率传送信号,因此引力定律一定是错了。在将延迟考虑进来而对牛顿引力定律进行修正之后,我们得到一条新定律,称为爱因斯坦引力定律。这条新定律的一个容易理解的特征是:在爱因斯坦的相对论中,任何具有能量的东西也具有质量 $(m = E/c^2)$。这里质量的意义是它能受到引力的吸引。即使是光,因为它有能量,也有一个"质量"(当然光子的静止质量为零)。当一束含有能量的光经过太阳附近时,它会受到太阳的吸引,于是光不走直线,而发生偏转。例如在日食时,太阳周围的星星看起来好像是从太阳不在那里时它本应在的位置移开了,这个现象已经被观察到了。

从以上可见,费恩曼先生对最基本的物理问题有着浓厚的兴趣,并能独具匠心地将其中的妙理表达出来。

5.2.2　问题变得越复杂,也就越有趣

当世界变得复杂时,它就变得更有趣了。研究较复杂(最简单的"复杂"物体是所谓的刚体)的力学的现象显然比一个质点更吸引人,当然,这些现象除了

牛顿定律的组合之外，并不包含其他东西，有时却难以使人置信，只有 $F = ma$ 在起作用。如果我们不去考虑假想质量集中在质心上的类质点运动，那么就只剩下转动了，但前提需要计算刚体的转动惯量。

计算刚体的质心 —— 这是人为地创造和计算出来的，这类问题为求积分提供了很好的练习，但从根本上对我们来说并不是太感兴趣。如果有那样一个技巧帮助我们轻而易举地计算出这个量，那是令人开心的。

计算质心的一个技巧是帕普斯 (Pappus) 定理：假如在一个平面上取任一闭合区域，并使它在空间运动而形成一个立体，在运动时，令各点的运动方向始终垂直于该区域的平面。这样形成的立体的总体积等于它的横截面积乘以质心在运动过程中所经过的路程。

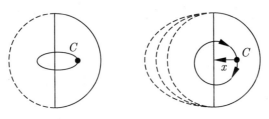

图 5-3　旋转半圆后产生出一个球

现举例来说明这个定理是正确的，比如求出一个均匀半圆盘的质心 (图 5-3)。用 R 表示圆盘半径，x 为质心到半圆盘直径边的距离，根据帕普斯定理有：$\frac{4}{3}\pi R^3 = \frac{1}{2}\pi R^2(2\pi x)$，故 $x = 4R/(3\pi)$。

【例 5-1】　试求"四维球"的体积。我们生活在三维坐标空间，无法想象"四维球"是什么样子的，尽管随手就可以写出其表面满足的方程：$x^2+y^2+z^2+u^2 = R^2$。我们借助于平面圆可将球面"切一刀"来获得启发，三维球就是将"四维球"切一刀，即令 $0 < u = C < R$ 代入刚才的方程之中，便有三维球面方程：$x^2 + y^2 + z^2 = R^2 - C^2$。所以，用费恩曼所提倡的类比方法 (三维球体积等于各个圆面积乘上厚度后积分，那么"四维球体积"即为逐个球体积乘上厚度后积分)，我们就可以写出"四维球"的体积计算公式：

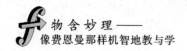

$$V_4 = 2\int_0^R \frac{4}{3}\pi(R^2-u^2)^{3/2}\mathrm{d}u$$

$$= \frac{8}{3}\pi R^4 \int_0^{\frac{\pi}{2}} \left(\frac{1+2\cos 2\theta}{2}\right)^2 \mathrm{d}\theta = \pi^2 R^4 \tag{5.2.2}$$

这个定积分在令 $u = R\sin\theta$ 后，并且两次利用倍角公式 $\cos(2\theta) = 2\cos^2\theta - 1$，变得容易求积。依此类推求"$N$ 维球的体积"，就是"半径连续变化的 $N-1$ 维球"为"底面积"乘上厚度，然后完成一重定积分，结果可从《数学手册》中查到。

现在，运用帕普斯定理计算一个匀质半球的质心位置。就像一个半圆盘绕底部直径在三维空间旋转一周，形成一个球那样，我们想象一个半球在"四维空间"绕其底面圆旋转"一周"。注意在四维空间中，完成对半球旋转一周的操作，半球的质心走过的"路程"是 $4\pi x$(这里 x 为半球的质心到底圆面的距离，4π 为球心向着球面的立体角)。按照帕普斯定理，有

$$\frac{2}{3}\pi R^3 \cdot 4\pi x = \pi^2 R^4 \implies x = \frac{3}{8}R \tag{5.2.3}$$

• 2018 年平昌冬季奥运会空中技巧项目非常惊险，在裁判员给出分数之前，电视会回放运动员空中的慢动作，大家都清楚地看到选手的质心轨迹是一个抛物线。虽然费恩曼认为计算质点系 (刚体) 的质心并不重要，但是质心运动定理却非常重要。把一个物体分成多个子部分，这容易办到——隔离物体受力分析；但把很多物体用一个"质点"来代表，这似乎很难想象——因为守恒的观点和综合质心的运用不在力学文化圈里。对于后者，我们教师应该花力气解决，以下是这类问题的一个典型题目。

【例 5-2】　一根长为 L、质量为 M 的软绳的两端 A 和 B 悬挂在支点上，现让 B 端离开支点自由落下。求当 B 端下降的距离为 y 时，支点 A 上所受的力 F_A(图 5-4)。

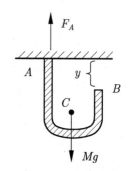

图 5-4　绳子的一段固定在天花板上，另一端自由下落的力学问题

以 A 点为坐标原点，竖直向下为正方向，建立坐标系。绳子的线密度 $\lambda = M/L$，对绳子整体运用质心运动定理 $Mg - F_A = Ma_C$ 来解本题。当 B 端下降 y 时，绳子整体的质心坐标是

$$y_C = \frac{1}{M}\left[\frac{(L+y)}{2}\lambda\frac{L+y}{4} + \frac{(L-y)}{2}\lambda\left(y + \frac{L-y}{4}\right)\right]$$

$$= -\frac{y^2}{4L} + \frac{y}{2} + \frac{L}{4} \tag{5.2.4}$$

这里忽略了 U 形线水平段的长度。因绳子的 B 端作自由落体运动，将 $y = \frac{1}{2}gt^2$ 代入 (5.2.4) 式后，对其求两次时间导数，有

$$a_C = \ddot{y}_C = \frac{1}{2}\left(1 - \frac{3y}{L}\right)g \tag{5.2.5}$$

故所要求的结果为

$$F_A = Mg - Ma_C = \frac{1}{2}Mg + \frac{3}{2}\lambda yg \tag{5.2.6}$$

● 解法简单略见一斑，印证了费恩曼所言的引进质心的原因：质心的运动可以和物体"内部"的运动分开来处理。以上结果正确和有意义吗？首先，对于 $y = 0$ 的情况，$F_A = \frac{1}{2}Mg$，这是对的；当 $y = L$，则 $F_A = 2Mg$，大于拉起静止绳子的力，原因是当绳子完全下落瞬间，质心的加速度方向向上、大小等于 g。类似的问题是：质量为 M 的匀质细软绳的下端与地面接触，用手提着绳的上端，使它处于伸直状态，然后松手，绳自由落下。问当绳子全部落到地面，地面所受到的正压力 [28]。答案是 $N = 3Mg$，当时还没有讲到质心运动定理，而用冲量定理来解题。

另外，计算一个刚体对某个定轴的转动惯量属于高等数学课程的范围，费恩曼在《物理学讲义 (第 1 卷)》中亦表示对这类问题不感兴趣。就像一个任意形状的刚体，人们用物理的平衡方法就可以确定出质心所在位置那样，可以方便地测量刚体的相对于某个轴的转动惯量 (例如放到一个可定轴转动的圆盘内)，并且只需进行一次测量就可推知该刚体对任何轴的转动惯量。

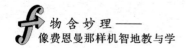

对于计算刚体定轴转动惯量，用两次平行轴定理：

$$I_1 = I_C + md_1^2, \quad I_2 = I_C + md_2^2, \quad \Rightarrow \quad I_2 = I_1 + m(d_2^2 - d_1^2) \tag{5.2.7}$$

式中，d_1 和 d_2 分别是所考虑的两个轴到质心的距离。可见并不需去计算刚体绕质心轴的转动惯量 I_C。

【例 5-3】 将一个匀质半圆盘悬挂于其正上方边缘 A 点，构成图 5-5 的半圆盘复摆。试计算该复摆的振动周期。

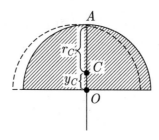

图 5-5 巧妙计算一个半圆盘复摆的振动周期

解： 如果知道复摆的质心距定轴 A 的距离 r_C 和它绕定轴的转动惯量 I_A，那么复摆的振动周期为

$$T = 2\pi\sqrt{\frac{I_A}{mgr_C}} \tag{5.2.8}$$

按照费恩曼的思维，这里计算 r_C 和 I_A 不是用定积分，而是利用物理技巧。显然，$r_C = R - y_C = R - 4R/(3\pi)$，利用转动惯量的可加性质及 (5.2.7) 式计算该复摆绕定轴的转动惯量，即

$$I_A = I_O + mr_C^2 - my_C^2 = \frac{1}{4}mR^2 + mR^2\left[\left(1 - \frac{4}{3\pi}\right)^2 - \left(\frac{4}{3\pi}\right)^2\right]$$

$$= \frac{15\pi - 32}{12\pi}mR^2 \tag{5.2.9}$$

故所求的复摆振动周期等于

$$T = 2\pi\sqrt{\frac{(15\pi - 32)R}{4(3\pi - 4)g}} \tag{5.2.10}$$

虽然这样的结果看起来并不赏心悦目，但是在解答类似题目的过程中，同学们的机智性逐渐地积累起来。

5.2.3 以费恩曼为标杆，我们缺什么？

毋庸讳言，由于三卷本《费恩曼物理学讲义》是费恩曼的同事根据他课堂讲授的录音整理而成，难免口语化和不精练。费恩曼重视结果而认为过程不重要的观点，值得我们深思，这与我们常讲的"贵在参与"理念相左。费恩曼是这样说的："一个作者在一门课程所作的全部论证，并不是他一年级从学习大学物理时就记住的。完全相反的情况是：他只记得某某是正确的，而在说明如何去证明的时候，需要的话，他就自己想出一个证明方法，无论哪个真正学过一门课程的人，都应遵循类似的步骤去做，而死记证明是无用的"。其实，费恩曼的思维就是物理思维。举例来说，一个热系统在实际操纵下，从一个平衡态到达另外一个平衡态，用实际过程来计算或许给出偏离的结果，而应该设计一个连接两态的理想途径。方式将是多种的，甚至是问题无关的。显然，无需记住一个具体的解题过程。

进一步对此问题展开讨论。三卷本《费恩曼物理学讲义》中的每页几乎都有示意图或结果图，但很少有表格框图。费恩曼提供了一些计算结果的数据点表格，因为费恩曼所处的年代个人计算机还未问世。现在看来，这一做法是不需要了，将数据点绘成图形更显规律性。准确比精确更重要！费恩曼先生设计的一些对比和纠错的表格非常好。在综合总结方面，我们的物理教师做得不比费恩曼先生差多少！以下的框图 (图 5-6) 来自于作者讲授"力学振动"一章时的小结。

然而，我们所欠缺的是顶级物理学家所特有的洞察力、举重若轻和会讲故事。举例来说，在匀速转动参考系中考虑力学问题，质点要受到两个非惯性力 (也就是费恩曼所讲的正比于质量的"赝力")：离心力和科里奥利力。人们对前者非常熟悉也都有体验，而对后者比较陌生。在我国力学教材中，不乏严谨的数学证明和广泛的应用，比如，在地球的任何纬度，自由落体偏东。费恩曼在他

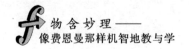

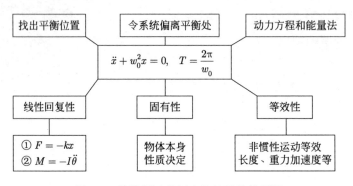

图 5-6 简谐振动的逐个特性及其关联图

的《物理学讲义 (第 1 卷)》第 19 章质心、转动惯量中,对科里奥利力作了到位的解读。

在伽利略变换适用的低速情况下,任何矢量 (比如粒子的位置矢量和速度矢量) 的绝对变化等于相对变化加上牵连变化。在一个转动参考系中,会产生不同类型的"惯性力",是因为以下的等式可以作用在一个矢量之上:

$$\frac{D}{Dt} = \frac{\mathrm{d}}{\mathrm{d}t} + \boldsymbol{\omega} \times \qquad (5.2.11)$$

数学上意味着整体变化等于部分变化之和,在流体力学中也有类似的方程。为什么会出现这种"怪事儿"?用费恩曼的话来说就是选择了"错误的坐标系",因为当没有别的参考系作比较,人们会认为身处的参考系是不动的。假如物体被移到一个新位置,即增大 r,则该物体就有较大的角动量,因此一定要施加一个转矩,才能使物体沿径向移动。在移动物体的过程中,所需要的转矩等于角动量 L 随时间的变化率。若质点 m 只沿径向运动,角速度 ω 保持恒定,则转矩就是

$$F_c r = \frac{\mathrm{d}L}{\mathrm{d}t} = \frac{\mathrm{d}(m\omega r^2)}{\mathrm{d}t} = 2m\omega r \frac{\mathrm{d}r}{\mathrm{d}t} \qquad (5.2.12)$$

这里,F_c 就是科里奥利力。费恩曼避开了旋转坐标系和矢量叉乘的数学运算,一下子就把物理结果展现出来了,并且 (5.2.12) 式出现的因子"2"看起来也很自然,而不是加起来造成的。

当然，力学课教师能够给学生讲出许多关于科里奥利力带来的有趣现象。事实上，在日常生活中，我们可以观察到一些现象，它们似乎违反"常识"。像空中落下的物体，不是落在释放点的正下方，而是略微偏东，比如从 100 米的高楼下落一个物体，如果不考虑空气阻力，理论计算显示有 2 厘米的偏差，足够大了！远程大炮射出的炮弹，其落点也不在射击方向，总有明显的右偏 (在北半球) 或左偏 (在南半球)。这些现象造成的共同原因是地球的自转，也就是说，地球是一个非惯性参照系，因此牛顿第二定律要引入非惯性力即科里奥利力 (简称科氏力) 的修正。

对于在实验室研究的物理学，并不明显地感觉到科氏力。但是，在旋转的地球上，人们早就知道赤道的热空气上升到高空，并从高空流向极地下沉到地表，空气又从极地沿地表流向赤道。这种大气环流称为哈得来 (Hadley) 环流，它是英国科学家 G. Hadley (1685—1768) 在 1735 年发现的。从赤道到极地约有一万公里，科氏力的影响非常明显，它使地表由极地流向赤道的气流在北半球向右偏而形成东北信风。直到哈得来发现信风的 100 年后，法国科学家科里奥利 (G. Coriolis) 才提出非惯性系的科里奥利力。

今天，我们已经清楚地知道，科氏力是大气大尺度运动围绕垂直轴作水平旋转的主要力量。当气压梯度力与科氏力相平衡时，可以很好地解释沿等压线作旋转的气旋和反气旋。若加上摩擦力后的三力平衡，则气旋、反气旋会越过等压线作螺旋运动。大气科学中气旋、反气旋、台风的三维图像，使得物理学中科氏力的概念更加直观形象。

5.3 比拟 —— 智力的惯性

5.3.1 举重若轻

在自然科学的发展史上，往往将新的研究对象、难以理解的结果比拟成已知的概念和模型，其形象、生动、并能切中本质。一方面温故而知新，另一方面惯性使然，有种大智若愚、超脱入仙的感觉。让我们学学费恩曼先生吧！

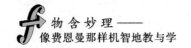

有一次，MIT 的一位老师请费恩曼解释自旋等于 $\frac{1}{2}$ 的粒子为什么服从费米-狄拉克统计。他完美地给这位听众解释了一番，并说道："我将就这个问题为大学一年级学生开一次讲座。"可是过了几天他回来说："不行，我干不了这件事。我没法把它简化到大学一年级的水平。这意味着实际上我们并不理解它。"

今天，我们的教师如果也能如法炮制，举重若轻，那么必然会使学生感悟到物理学的魅力：强大的生命力，广泛的用途。特别是，力学中的"流体流动"就常被派上用场。爱因斯坦和因费尔德 (L. Infeld) 合著的《物理学的进化》一书中，谈到了一些在物理上比拟流体运动进行研究的事例，例如：

对热学的研究，一开始就把热量与水相比较，比拟成水从较高的水位流向较低的水位，认为热从较高的温度流向较低的温度。

对电学和磁学的研究，早期也都曾比拟成电流体和磁流体，后来又比拟成流场。

在光学的研究上，有比拟质点运动的"粒子说"和比拟成流体运动的"波动说"，后来"粒子说"演化为"量子说"，但"波动说"仍然存在。

对声学的研究，声速本身就定义为小扰动传播的速度，所以这一学科更是比拟流体波动在发展着。

在天文学的研究上，将夜晚天空中由闪烁的星座组成的一条明亮的光带，比拟成"银河"。将银河系之外的一种从正面看形状像漩涡，从侧面看形状像梭的星云，称为"涡旋星云"；将星际空间分布着的许多细小物体与尘粒，称为"流星体"。

5.3.2　心中抹不去的那片云

非线性科学业已成为当代科学研究最重要的前沿领域，而推动这一学科发展的一些重要概念恰巧又来源于流体运动的研究。例如孤立波，是罗素 (J. S. Rusell) 于 1834 年在英国爱丁堡格拉斯哥运河中，观察到的一种大波传输现象。当时他正骑在马背上，追踪观察一个孤立的水波在浅水窄河道中的持续前进，这个水波长久地保持着自己的形状和波速。这一奇妙现象的发现，就是现今孤立子 (图 5-7) 研究的起始。另外，促使混沌研究热的是流体湍流。美国气象学家洛伦兹 (E. N. Lorenz) 于 1963 年在研究大气对流即解流体动力学 (纳维–斯托克斯) 方程组时，发现在一定参数范围内，长时间后是一个混沌解。不同学科间的相互启发的事例不胜枚举。

(a) 罗素1834年第一次发现孤立子

(b) 河中的孤立子

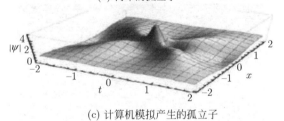

(c) 计算机模拟产生的孤立子

图 5-7　孤立子

第6章 他山之石，可以攻玉

6.1 突破心智障碍，"玩"物理

1945 年 11 月，费恩曼离开洛萨拉莫斯，前去康奈尔大学物理系任教。在到康奈尔前不久，费恩曼失去了爱妻；翌年秋天，他的父亲又因中风而过世了；他同时还被笼罩在参与研制核武器被监视的阴影之下。费恩曼情绪非常低落，感觉以前对物理的灵感好像已经耗尽。在极度的痛苦中，他只好写信给已经去世的妻子阿琳。在信的末尾加上了一句令人心碎的"P.S.，又及""请原谅我没有发出这封信，因为我不知道你的新地址。"此时此刻，费恩曼还能幽默地化解自己的痛苦，以至于他的导师汉斯·贝特 (Hans A. Bethe, 1906—2005, 1967 年因恒星能量的生成获得诺贝尔物理学奖) 说下了图 6-1 图题中的那句话。

图 6-1 郁闷的费恩曼比别人在如意的时候还要快乐一点 [29]

一天，费恩曼在校园咖啡厅吃午饭，看到一个孩子把印有康奈尔大学校徽的一个碟子旋转着抛向空中。费恩曼观察到碟子一边旋转，一边摇晃；并且从校徽图案的转动看出，碟子自转的频率差不多是摇晃频率的两倍。这一现象顿时引起了费恩曼的兴趣，他马上动手用经典刚体力学的方程去解这种运动。费恩曼从这个例子联想到电子的运动和它的自旋，重新燃起了对量子电动力学的热情。

费恩曼一谈到流体，就忍不住兴奋地像小孩子似的，对世界充满了好奇。在浴缸里玩水，在人行道上观察水洼，在大雨过后试着把人行道边流的水拦住。或者，思索瀑布和漩涡里水的运动，他觉得这些奥妙的经验足以让小孩子变成物理学家 (图 6-2)。

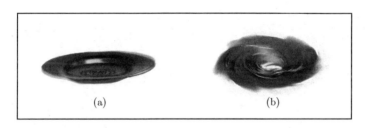

(a)　　　　　(b)

图 6-2　(a) 费恩曼看到空中转盘联想到电子自旋; (b) 他也喜欢观察漩涡里的水

一、电子自旋

量子力学是科学的仙境，在那个世界里，物质和能量合二为一，粒子具有诡异的自旋，而且日常生活的真理在那里也都变得毫无意义。

把自旋和电子成功结合起来的是狄拉克，他发现了狄拉克方程。这个方程在物体接近光速时仍然成立，而且在这个方程中，电子自然就有自旋性质。了解了自旋的意义，就等于了解了物理学语言中的那种若虚若实，似有还无的特性。后来的粒子的色 (color) 和味 (flavor) 等性质，可以说是迁就粒子非真实性质而发明的俏皮而不得已的名称。事实上，物理学家不把自旋当作是旋转，而把它看成一种对称性，是用来表达系统可以进行旋转的一种数学叙述。

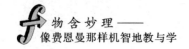

自旋对费恩曼的理论造成一些困惑，如同当初他在普林斯顿博士论文中即避开此问题没有处理一样。在力学中，作用量里并没有包含自旋在内。费恩曼很伤脑筋，他知道他的理论如果不能适用于自旋的高速电子，也就是所谓的狄拉克电子，那么它就没有用途。费恩曼解决这一问题是在他所建立的量子路径积分中，加进一些新东西，就是图。他用简略的图案来描写锯齿状路径，横轴代表时间，纵轴代表一维的空间，并表达理论的所有细节。粒子的自旋是用相位的变化来表示的，如同波动的相位变化一般；另外他还设定一些条件来规范粒子每一次变换方向时的行为。在计算这些路径的总和时，相位的变化很重要，因为路径可因相位变化而加强或抵消。

二、量子流体

超流态液氦所展示的就是液体可以没有阻力的流动。把很低温度的液态氦放在烧杯里，它马上漫开形成薄薄的一层膜。流态或气态物质，都无法抵抗侧向的剪力而移动。流体要抗拒侧向剪力需考虑它的黏滞性。超流态氦就像那不可能实现的理想流体，完全不带黏滞性，它就是干水。超流态还有另外一个奇特的性质，就是超导性：电流流过去完全没有阻抗，从而没有能量耗散。超流态和超导性都是低温实验里可以看到的现象，是量子力学的大尺度表现。

1955 年，美国物理学会 (APS) 在纽约召开年会，昂萨格 (L. Lars Onsager, 1903—1976，美国物理化学家，因对不可逆过程热力学理论的贡献，获得 1968 年的诺贝尔化学奖) 的学生报告他们正在进行新的实验，把桶 (意指只有针尖大小的玻璃管) 旋转，看看有什么现象？听报告的费恩曼 (习惯性地) 站起来急不可耐地说，旋转桶中的超流体，里面会出现很多形状奇特的漩涡，像一丝丝的细绳挂着一样。语出惊人而四座哗然。这就是由费恩曼心目中想象的液态氦的原子性质推演出来的，尽量把个别原子的作用力考虑清楚，它们会产生一些旋转运动，也正如朗道所预期的一样。然后，费恩曼把量子力学的条件加进来，从而得出这个运动必须有一个最小的不可分割的单位，即**旋子**(rotions)。

6.2　费恩曼轰炸：请举出一个例子

1951 年末，费恩曼在日本待了几个星期，主要接待方是日本京都大学基础物理研究所 (图 6-3(a)) 的汤川秀树 (YuKawa)。这起因于 1951 年费恩曼在巴西讲学半年的岁末，收到了惠勒 (John Wheeler) 教授的来信，说在日本将有一个理论物理的国际会议，问他愿意不愿意去？费恩曼知道日本有几位杰出的物理学家 —— 诺贝尔奖得主汤川秀树 (1907—1981)(图 6-3(b)) 和朝永振一朗 (1906—1979) 以及仁科芳雄 (1890—1951)，所以，费恩曼决定去帮助日本物理学界。

(a)　　　　　　　　　　　　(b)

图 6-3　(a) 京都大学基础物理研究所；(b) 诺贝尔物理学奖获得者汤川秀树

日方安排费恩曼访问和参观了许多机构。费恩曼每到一地，只要有研究物理的人，都会告诉费恩曼他们正在做什么，费恩曼就和他们讨论。通常，日本学者先概括介绍他们所研究的一般性问题，然后就写出一大堆公式。

"稍等片刻，"费恩曼说，"这个一般性的问题，有没有一个特别的例子？"

"怎么没有？当然有啊！"

"那好，给我一个例子；我得看例子。"费恩曼接着说："除非我脑子里有一个具体的例子，看着它怎么演化，我是理解不了任何一般性的东西的。"有些人

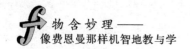

开始时会认为费恩曼迟钝，以为他不明白那个问题，因为费恩曼问了许多个貌似"傻瓜"的问题。例如：阴极是正的还是负的？阴离子是这样的还是那样的？

可是稍后，当日本学者掉进方程式堆里的时候，费恩曼就说："那儿有个错误！这不可能对！"

这个日本人看了看他写的方程式，过了好一阵子，果然发现了一个错误。他心里犯嘀咕，百思不得其解，费恩曼这家伙，一开始听不明白，可他怎么就能在这么繁琐的公式中发现这个错误呢？费恩曼暗自得意："他以为我是跟着他走，推演数学，但我干的不是这个活儿。对于日本人正在努力分析的那个问题，我有一个具体直观的例子，本能地知道问题的属性，所以直觉就会告诉我，哪个地方出了错儿。"

因此，费恩曼在日本与物理同行的讨论并不愉快。他写道："除非他们能给我一个可感觉的例子，但他们大多数人找不出例子，那我就不能理解任何人的工作，不跟他们讨论。或者，有些人倒是能给我一个例子，但那个例子非常平凡，你能用一个简单的方式就解决了问题，为什么还绕一个大圈子，用复杂的笨方法来说明问题呢？"

由于费恩曼总是不问数学方程式的问题，而是问他们试图解决的问题的环境。一份在日本科学家中流通的油印小报发表了一篇文章，题目为《费恩曼的轰炸与我们的反击》。

6.3　用直观方法处理超前问题

现今时代里真正文化的主要部分是什么？——这是费恩曼在 50 多年前提出的问题。他的观点仍未过时，这就是：对这个奇妙的世界多一些欣赏，用物理学家的眼光来看待这个世界。物理学经常是倒叙的，即先猜测 (或预期) 一个结果，然后再自圆其说地从头开始证明。面对挑战性的课题，不妨先改进已有的方法来处理；或者说，为什么希望我们的教师要有一种用普通物理知识把诺贝尔物理学奖成果讲明白的本领？费恩曼给出了圆满的回答。

为什么我们现在就要处理这个课题呢？为什么不等上一年半载，直到我们更好地掌握了概率的数学理论，并且学了一点量子力学后，再以更为彻底的方式来处理它呢？回答是 —— 这是一个困难的课题，学习它的最好方式是慢慢来！首先要做的是，使我们对不同场合下应当发生的情况多少获得一些概念，这样，以后当我们对这些规律了解得更清楚时，就能更好地用公式来表达它们。这也正是本章取如此标题的用意。

一、空腔辐射场问题的分析

让我们考虑一个具体的例子：电磁辐射问题 —— 费恩曼的博士论文，也是他走向物理学前沿的重要研究课题。这个问题存在于电磁学、热学、光学、量子力学中，量子电动力学也有。一个物体只要有温度就会向外辐射电磁波，此辐射称为热辐射。从实验获知：温度越高，总辐射能越大，而且波长较短的辐射能增强，这意味着热辐射能量仅与温度和波长有关。为了类比于气体系统，热力学考虑的是一个空腔 (cavity) 内的平衡辐射问题，其可以视为特殊的 $p\text{-}V\text{-}T$ 系统。对于这种空腔辐射或黑体辐射，具有两个重要的性质：①腔体的内壁上受到的辐射压强 p 与腔内的辐射能量密度 $u = U/V$ 的关系式：$p = \dfrac{1}{3}u$；②通过腔壁小孔的辐射通量密度 J 与 u 相联系：$J = \dfrac{1}{4}cu$，其中 c 是光速。

费恩曼在他的《物理学讲义 (第 1 卷)》中提到但并没有深入研究空腔辐射场，而目前国内外教材处理辐射热力学的方法存在不少问题，所以本节提出用空间球坐标系几何法证明上述两个等式。其好处是符合费恩曼的"把图像发展到数学可以接手的程度"的精神，且所用的知识较少。

首先，应明确空腔辐射场作为一个粒子数不守恒的开放系统，在等温等容条件下，其平衡性要求光子气体的化学势等于零。目前国内常用的教材[30-35]在处理空腔辐射场的两个等式时采用了不同手法，但存在着超前性的遗憾，比如：利用辐射压强与电磁场胁强的张量平均值的关系来证；利用电动力学辐射光压的知识来证；留在统计物理的光子气体中予以证明。也有一些不严谨的地方，比

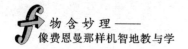
如：在传播方向的立体角内辐射能密度的写法不正确；不恰当地用圆柱体几何法；未正确解释立体角除以 4π 的含义；不正确地将能通密度对总立体角求平均。所以，非常有必要澄清这个典型的非气体系统热力学问题。

在辐射场中，由于辐射传播的速度 (即光速) 是有限的，在任何地方都存在能量。令在单位体积的能量为 u，体积为 V，则均匀辐射场的总能量为 $U = uV$，其中 u 称作能量密度。腔内光子的速度皆为不变的真空光速 c，它的能量 ε 与动量 p 的关系是 $\varepsilon = pc$，系统存在着动量密度 $g = u/c$。这样可以避免使用光子所遵守的统计分布，并且，无论是高能光子还是低能光子，它们碰撞腔壁的面元或逃出小孔的概率没有不同。

二、空腔辐射场的两个等式的证明

1. 辐射压强与辐射能密度的关系

现在考虑空腔中处于平衡的光子气体，希望搞清楚它们对腔壁上 P 处一个面元持续碰撞所产生的后果，也就是要计算辐射压强。我们不打算涉及过多的物理知识，而仅巧妙地运用几何。图 6-4 显示了位于一个球壳中的某处 O 体元的光子，一旦它对准腔壁上所选定的面元，那么经过 $t \to t + \mathrm{d}t$ 时间，它将沿着"正确的"辐射方向 OP 到达壁面元。这里，壳半径 R 取决于球壳的前沿用多长时间能传播到腔壁上选定的位置，即 $R = ct$(最终结果与之无关)，球壳的厚度为 $c\mathrm{d}t$，θ 是辐射场小体元的"正确"的传播方向 (即光子的动量矢量的方向) 与

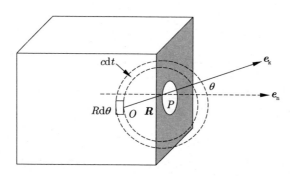

图 6-4 空腔某处的小体元以及"正确"辐射传播方向的示意图

壁面元法向的夹角，ϕ 是一个从 0 到 2π 的方位角，图 6-4 中无法显示，不过可以想象从壳的上端进入纸面，转到下端，从纸面出来，再回到壳的上端 (这样的描叙正是费恩曼先生的偏好)。

　　计算球壳中场元的小体积，它等于

$$dV = (Rd\theta)(R\sin\theta d\phi)(cdt) \tag{6.3.1}$$

体元的深度垂直于纸面，其值是 $R\sin\theta d\phi$，在球坐标系中，$R\sin\theta$ 是矢量投影到与法向垂直的平面内的环半径。那么，这个小体积元内的光子动量大小是

$$dg = gcdtR^2\sin\theta d\theta d\phi \tag{6.3.2}$$

事实上，并不是所有光子都能够到达腔壁所选定的面元上，因为在腔内某体元中的大部分光子的传播方向将是"错误"的，而仅有动量方向沿着 OP 方向的光子才能传播到腔壁上选定的面元上。由于空腔中辐射是各向同性的，故腔体元内的光子能抵达腔壁上选定面元的概率，等于其所处位置对腔壁面元张开的立体角除以 4π，参见图 6-5，也就是

$$到达腔壁面元的概率 = \frac{dA\cos\theta/R^2}{4\pi} = \frac{dA\cos\theta}{4\pi R^2} \tag{6.3.3}$$

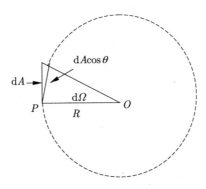

图 6-5　空腔某处辐射动量传播到壁上面元的概率的示意图

　　与壁面元法向成 θ 角斜入射到其上的光子被弹性散射后，从与法向成同样角度的另一侧出射，按照动量定理，腔内小体元光子施加到腔壁面元上的冲

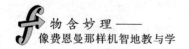

量为

$$dI = g(cdtR^2 \sin\theta d\theta d\phi)\left(\frac{dA\cos\theta}{4\pi R^2}\right)(2\cos\theta) \tag{6.3.4}$$

其对腔壁所施加的压强为 $dp = dI/(dtdA)$。为了给出总的辐射压强，完成对两个角度的积分，有

$$p = \frac{gc}{2\pi}\int_0^{\pi/2}\cos^2\theta\sin\theta d\theta\int_0^{2\pi}d\phi = \frac{1}{3}u \tag{6.3.5}$$

故得证。在目前国内外的热力学与统计物理教材中，鲜见用球坐标几何方法证明辐射压强与辐射能密度的关系。本书的方法与力学和热学中类似问题有相通之处，因而易于被初学者接受。

2. 辐射通量与辐射能密度的关系

实验上不能直接测量能量密度 u，而是接收测量黑体发射出来的辐射通量密度。设想在腔壁上开一个小孔，面积为 dA，电磁辐射将从小孔溢出。假设小孔足够小，使腔内辐射场的平衡状态不受破坏。辐射通量密度的定义是：在单位时间通过小孔的单位面积向一侧辐射的辐射能量，用 J 来表示。先计算腔内某处的辐射能量传播到小孔的元量，即对 (6.3.1) 式乘以能量密度 u，然后再乘以其逃出腔壁上小孔的概率，即 (6.3.3) 式，则有

$$dU_A = u \cdot (cdtR^2\sin\theta d\theta d\phi)\cdot\left(\frac{dA\cos\theta}{4\pi R^2}\right) \tag{6.3.6}$$

而腔壁上某处体元所产生的能通密度为 $dJ_A = dU_A/(dtdA)$。牢记在心的是：逃逸光子的动量在小孔法向的投影必须大于零，则需 $0 \leqslant \theta \leqslant \dfrac{\pi}{2}$。现对来自各方向的辐射传播求和，即对 dJ_A 中的两个角度积分，故得出

$$J = \int dJ_A = \frac{cu}{4\pi}\int_0^{\pi/2}\sin\theta\cos\theta d\theta\int_0^{2\pi}d\phi = \frac{1}{4}cu \tag{6.3.7}$$

需注意如下几点。(1) 国内常用教材在处理这个命题时写道："若辐射场向各个方向传播，在 dt 时间内，传播方向在 $d\Omega$ 立体角内，通过 dA 向一侧辐射的能量为 $ucdtdA\cos\theta\dfrac{d\Omega}{4\pi}$，对所有传播方向求积分"，从而得出 (6.3.7) 式。但这易

给人们的错觉是：腔内小斜柱体 (其实不应说成圆柱) 的这部分辐射能经过壁上小孔向腔外一侧传播。

(2) 事实上，在腔壁开掘一个小孔，是为了在单位时间内接收来自腔内辐射场传播而来的总能量，所以，计算的应该是在某一时间间隔 dt 内，来自腔内各向同性的所有方向的辐射能量，而不是腔内部分能量通过小孔向腔外一侧所有方向传出的辐射能。

(3) 另外，有些书说"对各个方向求积分再对总立体角平均""因子 $1/(4\pi)$ 的出现是对总立体角平均的结果"。空腔辐射有求和积分但没有平均的问题，况且仅求某个方向余弦的平均，进而与空腔内总辐射能相联系，显得片面。另强调"辐射是平面电磁波"，不如明确辐射场传播的方向就是光子动量的方向，因为产生平面波的条件是波源无限大，而有限体积的空腔不具备这样的要求。事实上，证明仅用到在平衡态下空腔内部辐射场处处是均匀的条件，与腔壁的材料及形状无关，再没有其他的限制。

受费恩曼"图像后的数学"思维方式的启发，笔者基于辐射场物性均匀的特点，提出一种几何方法，计算腔内某处体积元的光子动量和能量，以及它们传播到腔壁面元或小孔的概率，然后两者相乘再对方向角积分，最后证得辐射压强和能通密度与腔内能量密度的两个关系式。应该说，空腔辐射场系教材中为数不多的物性均匀的非气体热力学系统，综合了力学、热学、电动力学、相对论、量子力学和统计物理的知识，并将热力学特征表现得淋漓尽致：①由实验结果提炼出规律；②用到数学逻辑关系；③把问题归结为一些带有常量的关系式，若要算出它们，需要基于模型的统计理论。

●学习和研究物理，不可避免要使用除了数学之外比其他学科都多很多的数学，但这并不可怕！费恩曼给我们作出了榜样，在他的三卷本《物理学讲义》中，处处都画有示意图，对着图像来运用数学，会使你轻松一些。应加强综合内容的教学与拓展，为同学们将来踏入"大物理学"或"真实物理学"进行预热。

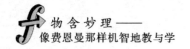
6.4　社会物理学

让物理学触及社会，是提高课程相关性的一个方面，比如统计力学就是用于描述世界复杂性的一个最强有力的工具。它可以在缺乏具体数据的情况下，定量研究物质在各种不同环境下的特征。举例来说，房间里游离了数以万计的气体分子，你不可能跟踪每一个分子的轨迹，即人们无法得知所有粒子的确定位置和速度。然而，使用统计力学方法，我们可以找到决定气体宏观行为的精确规律，例如麦克斯韦速度分布律。采用同样的方法，我们可以研究人类社会整体行为的一般规律，而不必去解释个体行为。

换句话说，正如分子的运动和相互作用决定了气体的温度和压强，只要人数足够多，人与人之间的相互作用的诸多规律就能形成可预测的模式。现代物理学家正在用描述分子的方法来描述人类，测量社会的"温度"。最好的办法就是将社会看成一个网络，正如温度可以反映气体分子有序与无序的本质，网络学能够定量描述社会成员之间联系的紧密程度。

事实上，物理学家转向了使用基于网络的统计物理工具来理解自然。统计物理与网络学的结合，加上博弈论和网络的密切联系，表明博弈论和统计物理学可能一起孕育出一门研究人类集体活动的新学科，可称为社会物理学。这门学科中引入了"平均人"的概念来分析社会问题。人类无常的行为看起来复杂多变、不可琢磨，但考察大量行为时却呈现出规律性。依照费恩曼类比性原则，请注意几个关键词：麦克斯韦分布、熵、相变和网络等。

6.4.1　麦克斯韦速度分布

当一个铁球从比萨斜塔落下时，内部原子的运动并没有影响它下落的速度，但其他形式的物质不会这样自发地协作。举个例子，假设要了解蒸汽机中压力如何影响蒸汽的温度，绝不可能从研究单个分子的运动做起。对于这个问题，物理学家并不是束手无策，他们设计了一些理论公式来描述气体分子的运动。如果可以用分子运动论解释被观察物体的整体运动，那么会对这些现象有更深的理解，而且为 19 世纪中叶某些派系对是否存在原子和分子的争论提供了坚实的依据 *。

　　德国物理学家克劳修斯是研究热力学的先驱。他在 1857 年的一篇论文中，全面解释了分子热运动的本质，描述了气压如何与分子对容器的碰撞有关。任何分子都不停地被其他分子撞击，并通过运动反映出撞击对它的影响。克劳修斯强调了分子平均速度的重要性，引入了两次碰撞间分子的平均距离 (称为平均自由程) 这一概念。1859 年，对物质世界比其他人都敏感的麦克斯韦开始研究分子运动，进一步探讨了气体分子的相互作用和由此产生的速度。其实在这之前的 1857 年，他读了一位历史学家的著作:《英国文明史》，讲的是用科学方法研究人类行为的社会学。书中写道:"形而上学 (哲学) 方法研究一个人的思维，而历史方法 (实际上是科学方法) 研究一群人的思维。要揭示'扰动'掩盖下的规律需要大量案例，只有研究大量案例才能消除'扰动'，规律也就清晰可见。"

　　虽然气体复杂得难以描述，但麦克斯韦看到了上面的话后，从中找出了解决方法，他把统计思想用来处理分子运动。麦克斯韦后来写道:"最小的实验材料也包含了数百万的分子，因此，我们不能确定每个分子真实的运动情况，被迫采用统计方法来处理这些分子。"麦克斯韦的观点是并不要求气体分子都以平均速度运动，但只要求多数在平均速度附近，一些或快或慢，少数非常快或非常慢即可。在碰撞中，一些分子的速度变快，一些分子的速度变慢，大部分的分子在一系列碰撞之后趋于实验箱中所有分子的平均速度。

　　19 世纪 60 年代，麦克斯韦改进了他的想法，认为当分子速度达到高斯分布时，就会稳定在这一状态。玻尔兹曼 (Ludwig Edward Boltzmann，1844—1906，奥地利物理学家和哲学家) 进一步阐述并巩固了麦克斯韦的结论。单个分子的速度可能变化，但这会通过其他分子速度的改变得以抵消。因此从整体上看，分子速率的范围和分布将保持不变。当气体分子间的碰撞不再引起整体分布的变化时，气体所处的状态就是平衡态。有趣的是，一些学者用麦克斯韦速率分布律解

---

　　*费恩曼对原子论推崇至极，他开玩笑地说:"假如有一天地球要毁灭，请你用一句话来概括，打算留给后来人的知识是什么? 答案就是 —— 物质是由原子组成的。"

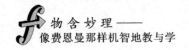

释了一些社会现象，即

$$f(v) = 4\pi \left(\frac{m}{2\pi k_{\mathrm{B}}T} \right)^{3/2} \exp \left(-\frac{m}{2k_{\mathrm{B}}T}v^2 \right) v^2 \tag{6.4.1}$$

严格地讲应称为概率密度函数 (PDF)，满足非负和归一化性质。只需求出该函数极大值所对应的速率，即最概然速率 $v_{\mathrm{p}} = \sqrt{2k_{\mathrm{B}}T/m}$，就能知晓该分布律的定性行为，正如许多教材所描述的那样，这里不再赘述。如果想定量地研究不同分子在不同温度下的统计分布，即要改变 m 和 T 的取值，那么按照科学研究的习惯——绘出有刻度的结果图。以某些固定不变或已知的量为单位进行变量变换，如 $v \to \tilde{v}$，因为概率而非概率密度是一个坐标变换不变量，所以应有 $f(\tilde{v})\mathrm{d}\tilde{v} = f(v)\mathrm{d}v$，故得到关于新的速率 PDF$f(\tilde{v})$。

费恩曼在巴西讲学时，曾应邀到巴西科学院作过一次关于"谈巴西的教学经验"的演讲。他拿起一本被公认写得非常好的大一物理教科书说道："在这本书里，从头到尾都没有提及实验结果，随便把书翻开，指到哪一行，我都可以证明书里包含的不是科学，而只是生吞活剥的背诵而已。"幸运的是，在我国《热学》的主要教材 [36-38] 中，举出了三个很好的实验：伽耳顿板实验、葛正权实验、密勒和库士实验，如图 6-6 所示。

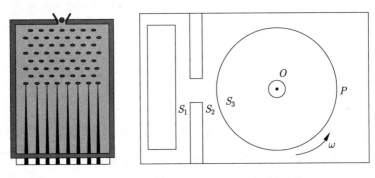

图 6-6　伽耳顿板实验和葛正权实验的示意图

● 引申上述话题到思想实验之上，后者的好处是不言而喻的。现仅举费恩曼在《QED：光和物质的奇妙理论》一书中，纠正大学生对光的本质的误解。他写道："你们这些进过学校的人，你们在学校听到的恐怕是'光的行为很像波'这类说法。我要告诉你们，光的行为方式的确像粒子。"为此，费恩曼假想有一个灵敏仪器——光电倍增管，可以探测一个单个的光子。当光照射到这个仪器时，仪器就"嗒""嗒"作响。如果光变暗了，声音还是那么强，只是响的次数少了。这样看来，光有些像雨点——每一团光就称为光子——如果所有的光是同一种颜色，那么所有"雨点"的大小都是一样的。费恩曼借题发挥，解释了爱因斯坦获诺贝尔奖的工作：光电效应。一个光子到达一块金属板，把一个电子从一个原子里打出来，通过倍增的过程，形成了一个电流，并用放大器发出可以听到的"嗒""嗒"声。关键的是，每次某种给定颜色的一个光子打到光电倍增管时，就可听到一声声同样的"嗒""嗒"声。还有，没有一个光子会分成两个"半光子"而走到不同的地方。

6.4.2　无处不在的熵变

费恩曼在《物理学讲义 (第 1 卷)》第 44 章热力学定律中表示了某种遗憾："我们不打算深入到热力学领域中。我们的目的只在于说明所涉及的原则性概念，以及为什么能作这些论证的理由，而不想在这门课程中使热力学用得太多。工程师特别是化学家常常要用到热力学，所以我们必须在化学或工程的实践中学习热力学。因为不值得对每件事情都花费双倍的精力，所以我们只对热力学理论的起源作一些讨论，而不详细研究它的特殊应用。"费恩曼因此没有翻来覆去地讨论热物理系统的各种逻辑关系，而是将诸如内能公式应用于"制造一个能在反应中工作的电池"。这让笔者想起了一位历史学家的一个评论：在 17 世纪初期关于力学所能轻易获得的那些真理中，伽利略掌握了一位天才所可能掌握的那么多，而笛卡儿掌握了一位天才起码要掌握的那么少。统计热力学的奥妙之处在于应用到一些挑战性的新兴学科 (比如社会物理学) 之中，学习者可感同身受。目前的权宜之计是听从费恩曼先生的建议，学着像笛卡儿那样精炼地掌握热力学，而不要过多地说些什么。

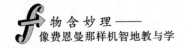
一、熵的引入

一般的印象是，所谓研究物质热力学就是研究其某些特性随温度的变化。这样做的好处是，温度是一个可操控的外部参数，但是温度并不总是可以定义的。另外，热力学第一定律以它的一般性、简单性和实用性为人们所熟知，然而它的表述存在两点不足：①等式中存在两个过程量：功 A 和热量 Q，如何仅用态变量将该定律写出来？②未对过程进行的方向给出限制性的信息。这两个问题的解决，导致了两大成果：熵的引入和对不可逆过程的讨论。费恩曼认为热力学是一门困难的学科，其原因在于每个人都可采用一种不同的途径，但是，若要给热力学指定唯一关键词的话，最恰当的就是熵 (entropy) 了，熵是热力学的灵魂。

熵这一独特的态函数，是以善于构思物理概念而著称的克劳修斯 (Clausius) 从可逆卡诺循环的热机做功效率最大出发，在 1854 年最早引入的，并且他还建立了著名的克劳修斯不等式。然而，即使对准静态理想状况而言，由于热量是一个过程量，所以基于热量与温度之比来计算有限熵差，难免有咬文嚼字的空间。数学告诉我们：如果一个环路积分等于零，那么沿任意路径的积分值即可表示为仅与上下限有关的差，例如在力学中，保守力做功就有如此性质。对于准静态微元过程的熵定义 $\mathrm{d}S = T^{-1}\mathrm{d}Q$，不能像许多教材那样，把倒温度称作 $\mathrm{d}Q$ 的恰当微分因子。另一方面，数学定义积分是求和的极限，这里 $\mathrm{d}Q$ 不具备小区间间隔 $(\Delta x_i = x_i - x_{i-1})$ 的意义；有限熵差 $S_B - S_A = \int_A^B T^{-1}\mathrm{d}Q$，也不具有"面积"的含义。故此，我们希望创造一个"非标准积分"符号，即 $\int$ 的中间加上一短横线。

现在看来，熵的概念比内能及其他热力学函数更重要，应用更广泛。有序能量转化为无序能量后势必造成做功本领的减少，甚至完全丧失，即能量的贬值。这可由自由能的定义，$F = U - TS$，以及最大功原理证实，因为自由能随着熵增加而减少。所以说，自然界的任何过程都导致能量的贬值，这是一个规律。联想到在社会生活存在货币的贬值现象，亦可与之相比较。货币贬值往往是由于通货膨胀即货币流通量增大所造成的；而能量的贬值却与能量的守恒并不矛盾，根源就在于熵的增长。货币贬值常常造成经济领域的混乱增长，在这一点上，和熵增加的效应有相似之处。

现将有关熵定义或性质摆在一起，即可逆过程：$\dfrac{\text{đ}Q}{T} = \text{d}S$；任意自发过程：$\Delta S \geqslant 0$；熵与微观状态数关系：$S = k_{\text{B}} \ln W$。比较后可以看出，三者所揭示的物理规律的重要性是由前往后递增的，其中熵增加原理，尽管不管事儿，但它涉及的范围太广了，所以它被列为十个伟大的公式之一，见表 6.1。

表 6.1　史上最伟大的十个方程

1. 勾股弦定理	$a^2 = b^2 + c^2$
2. 牛顿第二定律	$F = ma$
3. 万有引力定律	$F = G\dfrac{m_1 m_2}{r^2}$
4. 欧拉公式	$\text{e}^{\text{i}\pi} + 1 = 0$
5. 熵增加定理	$\Delta S \geqslant 0$
6. 麦克斯韦方程组	$\nabla \cdot \boldsymbol{E} = 4\pi\rho,\ \nabla \times \boldsymbol{E} + \dfrac{1}{c}\dfrac{\partial \boldsymbol{B}}{\partial t} = 0,$
	$\nabla \cdot \boldsymbol{B} = 0,\ \nabla \times \boldsymbol{B} - \dfrac{1}{c}\dfrac{\partial \boldsymbol{E}}{\partial t} = \dfrac{4\pi}{c}\boldsymbol{j}$
7. 爱因斯坦质能关系	$E = mc^2$
8. 广义相对论方程	$R_{\mu\nu} - \dfrac{Rg_{\mu\nu}}{2} = \dfrac{8\pi GT_{\mu\nu}}{c^4}$
9. 薛定谔方程	$\text{i}\hbar\dfrac{\partial \psi}{\partial t} = H\psi$
10. 测不准原理	$\Delta x \Delta p \geqslant \dfrac{\hbar}{2}$

二、熵是系统混乱度的度量

望文生义是理工科学生学习物理学课程的"天敌"，也就是费恩曼先生反对的"用字解释字"，比如中文熵 —— 热温熵，右边表示相除、左边的"火"代表能量 —— 其实不然！熵的深刻物理内涵是它与微观状态数的关系 $S = k_{\text{B}} \ln W$，此即著名（"上帝书写"）的玻尔兹曼公式；并且由于独立事件的概率相乘性 $W = W_1 W_2$，从而熵是一个广延量，具有可加性，即 $S = S_1 + S_2$。玻尔兹曼的工作是建立在原子论的基础上，而 1900 年前后人们还没有能力看到原子，对原子

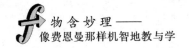

论多是怀疑和谴责。1906 年，饱受压抑之苦的玻尔兹曼自杀身亡，80 年后，人类终于能够从图像上分辨出单个原子。系统的熵与组成系统的粒子的微观状态数的关系，即玻尔兹曼公式。由此将会清楚地看到，熵的问题涉及微观状态数、系统某热力学状态，熵的大小取决于这一状态对应的微观态数目的多少。熵的增加意味着系统从包含微观态数目少的宏观态，向包含微观态数目多的宏观态过渡，即从概率小的状态向概率大的状态演变。

实践告诉我们，任何事物若听其自然发展，则混乱程度一定有增无减。例如：书本整齐地摆列在书架内，对应于低熵态；书本凌乱地摊在书桌上，对应于高熵态。从整齐到凌乱是自发的过程，而反过来从凌乱到整齐需要作出特殊的努力，因而是非自发过程。使人感兴趣的是，热力学第二定律较第一定律难以理解的真正含义，事实上包含在我们的日常生活事件中。因此，费恩曼认为从有序的排列到无序排列的变化是不可逆性的起源。从事统计物理及相关学科的研究者们更愿意指出的是：在玻尔兹曼公式中，状态数是相空间里的概念，并不必然地同坐标空间里的、视觉上的从有序到无序的变化相一致。费恩曼以为熵是很奇怪的！例如绝热自由膨胀，熵增加了，但系统的温度和能量却不变，唯一发生变化的是组成系统的分子的空间分布先后不同了。

● 费恩曼在他的《物理学讲义 (第 1 卷)》中，对热力学讲解得很谨慎，这是因为对于实际 (不可逆、非准静态和存在耗散) 过程而言，这门学科给不出定量关系；还因为他认为熵是一个很奇诡的东西。不过，近 20 年来在非平衡态热力学中出现了两个标志性的工作：贾奇因斯基 (Jarzynski) 等式 [39] 和涨落功原理 [40]，即两平衡态的自由能差可以用它们之间非平衡功的指数平均来表示，这里两个态的转换是在有限时间内完成的。目前国内的《热学》和《热力学》教材，均有大段用积分表述的克劳修斯不等式的推演，但其中的热温比 dQ/T 不是一个恰当微分。按照费恩曼"积分和微分是一对互逆的运算"的观点来看，对非恰当微分量的积分是没有意义的。为了计算两个初末平衡态的熵差，需要设计一个能够连接该两态的可逆过程，然后再用热温比的积分来计算，不过，学生们在遇到具体问题时，容易用告知的真实过程的热温比来计算两个平衡态之间的熵差。

还有一个非常重大的问题教材中没有涉及，即每个分子遵守时间反演不变的牛顿力学方程，然而由它们组成的宏观热系统却是不可逆的，参见以下的扩展阅读。所以，知识碎片化的教学策略与物理学家处理问题的方式存在距离。

📖 **扩展阅读：P6. 热力学"时间之箭"**

三、生活中的熵

熵增加原理有时被诠释为：世界的"无序性"随着时间的推移而不断增加。一座古代庙宇，如果任其自然发展而不加管理的话，那么根据热力学第二定律，它将不可避免的衰败，最终变成一堆瓦砾；一条高速公路如果不维修的话，也必定会回到自然的泥土状态。为什么说这样的预言是热力学第二定律的合理结论呢？

在任何情形中，当我们使用"有序"(order) 这一概念时，不管指的是什么意思，它都包含了这样一个基本要素，那就是，"有序的"(ordered) 是与"无规的"(random) 相对的状态。如果我们称赞一幅画的艺术性，那么我们承认它不是"偶然地"创造出来的。换句话说，一个高度有序的系统是一个很不概然的 (improbable) 系统。另一方面，一堆瓦砾是一种十分概然的 (probable) 事物状态。为什么呢？因为根据它自身的定义，对于一个高度有序的系统而言，一个哪怕极其微小的缺陷也会削弱其有序性，雕刻品上的一个刻痕会显得很难看；表演者在演奏一段音乐的过程中所出现的小错误会十分刺耳；一辆新汽车上的划痕会使车主跑去找销售商交涉。所以，在一堆钢铁的众多种可能的排列中，只有极其少数具有凯迪拉克轿车的形状；绝大多数排列都是废料一堆，只不过我们并没有在这些废料之间作出区分。一堆废铁上的一条划痕或者缺口甚至为人们所漠视；巨大数量的状态被称为"废料"，而只有极少数构成一辆劳斯莱斯牌轿车。

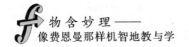

因此，劳斯莱斯车是一种很不概然的排列，而废料则是十分概然的排列。这就是为什么熵增加原理预言一辆汽车任其自然的话最终会变成废料，而不是相反情形的原因所在。

如果我们挑出一块形状特殊的废料，并将它称为艺术品，那么，它就自动地变成了一种有序状态，因为它已不再是过去的瓦砾堆，而是一个具有特殊形状的位形。一件现代艺术品，似乎在消弱这个特别判断的基础。极大量状态的特性都贴有"无序"(disorder) 的标签，而"有序"这一性质则只适用于很少一部分状态。这就使得有序状态极不概然，而无序状态则是大有希望出现的，故有序状态具有较低的熵，而无序状态具有较高的熵。

6.4.3　社会磁性

一天晚上，一个纽约人注视天上的星星，路人匆匆而过，视而不见。第二天，有四个纽约人盯着天空，于是其他人莫名其妙地停下来加入他们的行列 (图 6-7)。这种从众行为给研究者一个启示：把人群的趋众行为类比成统计物理的相变，就如水冻成冰。另一类相变同样引起人们的注意，那就是某些材料低于一定温度会突然产生磁性。

图 6-7　一个人在大街上长时间向天空望去，他后面跟着许多人也举头仰视

　　社会反映了人的集体行为，磁性反映了原子的集体行为，故社会和磁性具有相同之处。铁之所以具有磁性，主要是因为电子在原子核周围的排列使原子具有磁性。磁性同时也与电子的自旋方向有关。因为原子磁性的随机取向抵消了彼此的磁性，条形铁通常无磁性。可是就像仰天注视的从众效应一样，一旦有足够多的原子沿一定方向排列，其他的原子就会紧随其后。当所有原子都规则排列时，条形铁就会变成磁铁，此时每个原子似乎都依照相邻原子而行事。物理体系都趋向于最低能量状态。

授课录像：S5."不可能性"体现正面价值

第7章 学术争论，求实为先

7.1 "野狐禅科学"与科学品德

费恩曼 1974 年在加州理工学院的开学典礼上作了题为 "Cargo Cult Science" (原译为野狐禅科学，也有译为草包族科学) 的演讲 [5]。他用一个事例来说明心理学 (现在可以称为行为科学) 研究的有趣性。

在南太平洋，有一伙儿崇拜运输机的人。在第二次世界大战期间，他们看到飞机落到地面上，带来了很多好东西，他们希望现在也发生这样的事情。因此，他们鼓捣了类似飞机跑道的玩意儿，在跑道两边点燃了火堆，还造了一座木屋，让一个男人坐在里面，头上戴着两个类似耳机的东西，竹子棍儿像天线似的伸出来，他冒充一个领航员 (图 7-1)。他们在等着飞机降落呢。这些人把每件事

图 7-1 一个假的飞机跑道漫画

情都做得不错，形式上是完美的。然而，这一套并不灵验，没有一架飞机在他们的"跑道"着陆。所以，我把这件事情称为野狐禅科学。尽管它亦步亦趋地照着科学研究的规则和形式来完成，但少了某种本质的东西。最终也没有任何飞机着陆啊。现在，这个故事可以用来讽刺某些"专家"，他们对一些明摆着无研究价值或已有定论的问题，却"忽悠"大家关注。

在野狐禅科学当中，有一个特征通常是没有的，这就是科学的正直品格，科学思想的原则，亦与一种彻底的诚实相呼应 —— 一种把脊梁骨向后挺得笔直的风度。比方说，如果你在做一个实验，你应该把所有你认为或许会使这个实验无效的事情都报告出来。不仅仅把你认为正确的东西报告出来，或许也能够解释你的实验结果的另外一些原因，以及你想到的那些在实验中消除了的因素，它们起什么作用？你应该让同行确信，那些因素都已经被排除了。

维基百科对"**Cargo Cult Science**"的解释是：描述某些事物貌似科学，却遗漏了"科学的品德，也就是进行科学思考时必须遵守的诚实原则"。

费恩曼在报告中举了一个例子：密立根 (Robert Andrews Millikan, 1868—1953, 美国物理学家)(图 7-2) 用下落的油滴做实验来测量一个电子的电荷。不可否认在科学史上存在欺骗事例，然而，对密立根在完全没有理论背景情况下，为此所作的努力似乎不应被指责。事实上，密立根对于提高测量精度作了很多努

图 7-2　密立根因测量电子电荷而获 1923 年诺贝尔物理学奖

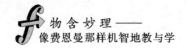
力，有记录表明他考虑了对流、室温、光学系统等问题。对于仪器工作不能确信为正常的数据不予采纳。

费恩曼最后说道："因此，我对你们只有一个祝愿 —— 祝你好运！到一个你能够自由地保持我刚才说的这种正直品格的地方去吧。在那个地方，你不觉得被迫需要维持你在一个组织中的地位或者财政支持，以及诸如此类的事情，从而失去你的正直品格。祝愿你享有这样的自由。"

7.1.1 什么是"拔靴带"模式？

"Bootstrap"—— 英文谚语：拔着自己的鞋带站起来，指靠自己的力量，或互相支援，互为因果的意思。没有粒子是属于最低层的，彼此都是别种粒子的成分。"拔靴带"名称的来源是因为每一个基本粒子都要轮流由所有其他粒子来组成。费恩曼也相信这一套说法。

例如，有人住院了，为什么？因为她外出在冰上滑倒了，骨折了。大部分人听到这个答案就满意了。可是，还会有人刨根问底。当你解释了一个为什么的时候，你是在一个认定某些事情是一定真的框架中，不然，你会一直不停地追问为什么 …… 就会在不同的方向上越陷越深。

为什么她在冰上滑倒？因为冰本来就很滑，每个人都知道 —— 没有问题，可是如果你问为什么冰上会滑 …… 那你问的是别的问题，因为像冰那样的东西不多 …… 冰是固体还那么滑？

有人说，因为只有冰才会这样，你站在冰上，所加的压力马上就会把脚上的冰融化一些，很快就会形成一层水膜，所以脚就滑出去了。为什么只有冰会这么滑？别的东西却不会这样呢？因为冰在冻结时会膨胀，所以外来压力会抵消膨胀而把冰融化。 这也就是大家收看奥林匹克冬季运动会的一幕场景，运动员为了使冰壶滑行得更快一些，快速地用刷子摩擦冰面。嗷！原来这样的效果使冰面不发生膨胀。

从这个例子你会注意到，我不是在回答你的问题，而是想告诉你，回答为什么问题有多难；你越问为什么，事情就越有意思。

在专业的物理学家看来，费恩曼的思维方式不是讲求哲理的，而是很平凡的、天真的、可爱的智慧。他认为心中有怀疑是很重要的，有怀疑不但不会减弱我们去探求新知，反而是认识新知的根源。不敢怀疑就会诉诸权威，而权威正是几个世纪以来科学要打败的对象。所以，费恩曼总结出来的道理就是：要猜出稍有不同的结果，出发点必须完全不同。在举出新理论时，你不能在一件完美的事情上用有瑕疵的工具，你必须从另一个完美的基础出发。各种不同的理论可以给物理学家带来猜测自然的各种门路。

7.1.2　什么是"费恩曼式"实验？

采访过费恩曼的记者从没有听说过别人把失败的经验讲得这么动人，费恩曼毫无隐瞒地把他所有错误的步骤、不正确的概括和观念有缺失的地方，都一五一十地交代得清清楚楚。

如果正在做一个实验，就应该报告所有可能使之无效的事情，而不仅仅是那些你认为正确的事情；还要有其他能解释你的实验结果的因素；而且还有你所考虑过的已为其他实验所排除的东西，以及那些实验是怎样做的 —— 总之要让别人相信它们确实被排除了。如果在你的解释中有某些能引起怀疑的细节，一定要说出来。也就是说，你一定要尽你的所能 —— 只要你知道有什么确凿的或可能的错误，都要解释它。比如，如果你提出一种理论，大肆宣传它或是发表它，那么你一定要像记下所有与它相符的事实那样，把与它不一致的事实也记录下来。

费恩曼认为：解决问题单靠诀窍或特别的计算是不够的，唯一的方法是对结果的大概轮廓和其特性作一推论。

我们不能拿实验做得不够来当借口，理论探讨失败跟实验没有关系。我们的处理跟探讨介子的情况不同，研究介子，我们可以说也许人类的心智还不足以从有限的线索中找到一个规律。我们根本就不该去看实验带来什么现象……那样有点像翻书到最后面偷看解答一样……我们还没有解出超导这个问题的唯一理由，就是我们的想象力还不够好。

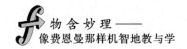

● 费恩曼先生被誉为"教师的教师"，他对部分学生对着答案做习题感到忧虑。因为这样一来，所有的问题都变成证明题了，学习者也就仅是一名观光客而不是探险者了。当然，如果你不幸成为费恩曼怜悯的"对五花八门的内容和附带的应用感到烦恼"的另一些学生，那么独立完成最起码的作业，是通过课程的最低要求。无论如何，教与学双方皆要从问题的解决中感悟出每门课程的规则。

7.2 费恩曼性格的另一面

7.2.1 费恩曼鉴别吹牛科学的方法

物理学家感到奇怪的是，在这个世界里，有些场遵循量子力学的定律，有些场没有。所以，为爱因斯坦的引力找到量子理论，是相对论和数学物理学家一直在努力攻克的难题。费恩曼觉得引力波是个真实的东西，没有什么好疑惑的。他可以证明"引力波带有能量"给大家看，也断言"只有在超过波长的范围内才能明确地证实找到引力波了[1]。"他说："能够活在这个时代，有这么多的谜题可以思考，不是很有意思吗？"费恩曼于 1962 年 7 月在波兰华沙召开的引力研讨会上，报告他用一些"幽灵"，即想象的粒子在费恩曼图周围绕圈，出现的时间刚好够绕几圈，然后就消失无踪，来消除概率相加不归一的错误。不过，他从来没有做出完整的理论，达到可以发表的地步。

费恩曼有他性格清高的一面，比如他从来不喜欢科学界的人们聚在一块儿。他不满意这些年学术界很多的"研究活动"，但是这种"研究活动"一直是在证明以前别人做的东西错了，或是结论没有用，或是结论很有前途，如此而已。"我已经厌倦了老在想同样的事情，我需要想点别的，因为我觉得做不下去了——你知道，如果能走得下去，当然很好，可是很难得到新的结果啊……这个部分子已经很成功了，我也成了时髦人物，我想找点不时髦的事情来做做。"费恩曼写下了如下鉴别吹牛科学的方法。

这种"工作"总是：①完全无法了解；②言辞含混，数字模糊；③用很长很困难的方法做出本来就显而易见的事情，还当作什么重大发现来发表；④声称某些多年来大家都接受而且一再验证的、明显的、且正确的事情是错的，其实是作者自己搞错了；⑤假装要做什么不可能的，但是肯定没有用处的事情，最后还是失败了；⑥根本一看就知道是错的。

在费恩曼去世 30 年后的今天，读起这些话来仍然震耳欲聋！

7.2.2　费恩曼科学观集萃

一、费恩曼的若干观点

ο 费恩曼认为，科学其实是一个探索的过程，而不是一堆正式的结果。真正的科学工作应是众说纷纭、充满疑惑、又雄心勃勃，像是在雾中行走一般。我们在写文章给科学期刊发表时，总是习惯把研究写得尽可能像完结了一样，如此可以湮灭所有的足迹，不用担心走入死巷，也不必描写当初其实是怎样从错误的想法出发的。

ο 费恩曼在领取诺贝尔奖之后前往日内瓦，对工作在欧洲核子中心 (CERN) 的年轻人鼓励说："想法与众不同对你没有坏处。我们大家不要都走同一条路，恳求你们几位冒着这辈子被埋没的风险，到浩瀚没人去过的天空里发展，看看会不会找到好理论。"

ο 费恩曼是全加州理工学院唯一的，其实也是物理界唯一没有申请经费的，他拒绝加入这种过程，别人也就由他去了。如果从科学史来看，费恩曼其实是过着苦行僧般的生活，这随时提醒他，保持自己的纯真、不掺假，这并不容易。

ο 如果你给理论物理学多一点经费，却只是增加做时髦题目的人数，那样一点益处也没有，所以必须要增加研究的种类。

二、费恩曼先生也不是一个"完人"

在世人眼中，物理学大师费恩曼生前不仅智商出众、情商超群，而且幽默风趣、平易近人。然而在他的同事默里·盖尔曼 (Murray Gell-Mann) 教授看来，费恩曼在为人处事方面不免显得有些"作秀"，而这令他颇难以接受。1989 年 2

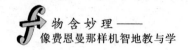

月，就在费恩曼去世一周年之际，盖尔曼在《今日物理》期刊上发表了题为 Dick Feynman——The guy in the office down the hall 的纪念文章，除了历数费恩曼对当代物理学的贡献和彼此相处与合作的美好记忆，也直言不讳地指出：我对理查德的风格中广为人知的另一面则不以为然。他将自己置身于层出不穷的神话之中，并且耗费了大量的时间和精力来打造关于自己的趣闻轶事。当然，许多趣闻轶事源自理查德讲述的故事，这其中他一般都是英雄人物，而且如果有可能的话，他都是以看起来比其他人更聪明的姿态不得不出场。我必须承认，随着岁月的流逝，我对自己作为他想要超越的对手这种角色越发感到不自在；我也发现，与他一起工作不如从前那么意气相投了，原因是他似乎想得更多的是"你"和"我"，而不是"我们"。也许对他来说，不太习惯于与那种不只是为他自己的想法作陪衬的人合作 (尤其像我这种人，因为我把理查德当作能够从他的反馈意见中让我的想法升华的高人)。

也许盖尔曼最有资格评价费恩曼这位老同事，包括他针对学术问题的"攻击性"提问。正如大家熟知的那样，理查德喜欢用新奇的方式探究每一个问题，无论重要的还是不重要的问题 ——"翻来覆去"，就像他所说的。他年幼丧父，他讲过自己的父亲生前是如何教他怎么做的。这种方式一直伴随着理查德以非比寻常的努力做到与众不同 (图 7-3)，尤其是做到与他的朋友和同事很不一样。

盖尔曼的学生郑洪教授*对费恩曼的评价：如果获得了费恩曼的好评，也可能是一场更大的噩梦。

一次我去加州理工学院作演讲，讲到一半，听众中忽然有人大叫："对了！对了！太美了！太美了！"这人就是费恩曼。我再讲下去，不久他又跳起来耍了几个舞步，"这就对了！这就对了！你知道郑教授是什么意思吗？他是说，你们这些笨蛋都想错了！真相是这样这样这样的……"我演讲完毕，他立刻上讲台两手握住我的右手说："郑教授，你和吴教授完成了一项巨大的工作，恭喜你！"我对他说："费恩曼教授，我上过您的课，您记得吗？"他摇摇头说："现在你已经超越我

---

*郑洪 (1937—   )，美籍华裔物理学家，现为麻省理工学院数学系终身教授。此处内容摘自他所著的《南京不哭》(译林出版社，2016)。

了。”他又说：“我完全明白你们研究过程的艰巨，因为我经过相似的阶段。”停了一下他接着说：“有一天你们会感觉非常沮丧，有人会抢掉你们的功劳。”他邀请我到他家讨论我的结果，向我解释他的构想，我也回答了他所有的问题。但后来他在《物理评论快报》上发表了一篇论文，却没有引用任何一篇我们的文章，也未提及我给他的任何资料。

图 7-3　动作夸张是费恩曼风格的一部分

其后，吴大峻被邀到苏联基辅一个学术会议宣读自己和郑洪的论文。费恩曼和杨振宁亦在该会议报告他们的高能理论。会议过后，Ben Lee(韩裔) 在《核物理评论》(Comments of Nuclear Physics) 发表文章总结这个会议说：“三个不同的高能物理理论，在这个会议取得了交集。这些理论，以郑–吴理论最为完备。”不久，纽约州立大学石溪分校举行了一个学术会议，郑洪和费恩曼都被邀演讲，费恩曼发言在郑洪之后，提及吴和郑的论文不下十次。但会议过后，他不肯交出演讲稿，会议主办人多次催促，费恩曼才寄来他的论文，其中无一字提及吴大峻和郑洪的工作。

费恩曼对发表文章很不热衷，有谁要是想出了什么新点子，就如一位同事所

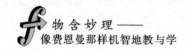

说的，最怕发现"费恩曼已经到此一游，并且已经走了"。这意味着伟大的物理学家，累积了知识却懒得发表，对他的同事是一大威胁。最好的情况是，某人新发现了什么定律，有助于事业更上一层楼，在费恩曼看来却是不值得发表的东西，那种感觉真令人灰心。最糟糕的情况是，费恩曼不发表作品，让人在探索什么是知什么是未知之间，完全丧失了信心。

费恩曼一向拒绝推荐自己的同事为诺贝尔奖候选人，但他于 1977 年打破惯例 —— 在盖尔曼已拿过一次之后 —— 悄悄地推荐盖尔曼和茨威格，理由是他们发明了夸克。我们不好无端猜测费恩曼当时的想法，大家都知道诺贝尔奖一般不会颁给同一个人两次。

三、魔术师称号

对于杰出的物理学家和数学家而言，如果他们愿意相信天才是魔术师的话，那么多半是为了心理上的安慰。一个算是优秀的科学家若跟费恩曼讨论工作，一般会感到很不愉快。一些物理学家常常找机会跟费恩曼交谈，请教他对自己花了几个月做出来的工作有什么看法。通常费恩曼会拒绝听全部的解释说明，他说那样就没趣儿了，他会让这些人把问题大概介绍一下，然后跳起来说，噢，这个我知道…… 然后在黑板上写出结果。但费恩曼写的不是对方的结果 A，而是一个更艰深、更广泛的理论 X，所以 A 只是 X 的一个特殊情况。有这种经历的费恩曼的客人，有时会感到很沮丧，他难免会纳闷：费恩曼何以如此快地给出问题的解？还是因为费恩曼以前考虑过但未发表呢？

举一个例子，来揭开以上困惑的谜底。20 世纪 60 年代，天文物理学家福勒 (Willy Fowler) 在加州理工学院演讲，提到最近发现的神秘辐射源的类星体 (quasar)，认为那是一个有超大质量的星球。费恩曼听后站起来说，这样的物体会因为自身引力而非常不稳定。此话一出，语惊四座。费恩曼接着说，这种不稳定性是从广义相对论而来的。福勒以为费恩曼只是凭直觉而作出这样的判断。有位同事后来发现，其实费恩曼早在多年以前用了一百页的纸，计算过星体引力和相对论引力这两种相互抵消的力。

所以说，知识储备 ＋ 逻辑分析 ＋ 想象力 ＝ 通向成功。

7.3　超越费恩曼

本节以此为标题，事出有因，读者也可以跳过此节。费恩曼曾在 1957 年的一次学术会议上，介绍了他用路径积分方法得出弱相互作用理论并非有效，他的报告仅用时 5 分钟，然后兴奋地说："我要去巴西度暑假了。"大概没有人会像他这么做的，他取得了一个重要的突破，不是把它写出来准备发表，而是去了巴西。这种事例还有很多，难怪有些人为此感叹：费恩曼从不为优先权或是被其他科学家超越而担心！联想到费恩曼更加看重在解决问题过程中的愉悦，所以这里姑且把费恩曼最初、中间和最后的工作作为课题，商榷一些值得应用、改进和推广的地方。

7.3.1　费恩曼的首秀 —— 赫尔曼–费恩曼公式

费恩曼有一个信条："有些处理方法是相通的，不管是经典还是量子问题；避开有关各种表述的证明，而只是总结一下结果。"这里，首先讨论费恩曼的第一篇科学论文，即他在读本科生的时候，在老师赫尔曼 (H. Hellmann) 指导下对"分子上的力"的研究，发表在《物理评论》上 [14]。结果被称为赫尔曼–费恩曼定理，也称为 H-F 公式。凡是用维里定理可以求解的问题，肯定可以用 H-F 公式来处理 [41]。

一、赫尔曼–费恩曼公式

某量子体系的束缚态能量和归一化波函数分别为 E_n 和 ψ_n(n 为量子数)，它们是定态薛定谔方程的解，即满足方程：

$$\hat{H}|\psi_n\rangle - E_n|\psi_n\rangle = 0 \tag{7.3.1}$$

假设 λ 代表哈密顿算符 $\hat{H}$ 所含有的一个参量，例如普朗克常量、粒子质量和势能中的作用强度等。若视 λ 为变量，则 E_n 和 ψ_n 均为 λ 的函数。将 (7.3.1) 式

135

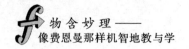
对 λ 求导，得到

$$\left(\frac{\partial \hat{H}}{\partial \lambda} - \frac{\partial E_n}{\partial \lambda}\right)|\psi_n\rangle - (\hat{H} - E_n)\frac{\partial}{\partial \lambda}|\psi_n\rangle = 0 \qquad (7.3.2)$$

以 $\langle\psi_n|$ 左乘上式，注意到 $\frac{\partial}{\partial \lambda}|\psi_n\rangle$ 是另外一个本征态，记为 $|\psi_m\rangle$，利用波函数的正交归一性 $\langle\psi_m|\psi_n\rangle = \delta_{mn}$，得到 [14]

$$\frac{\partial E_n}{\partial \lambda} = \left\langle\psi_n\left|\frac{\partial \hat{H}}{\partial \lambda}\right|\psi_n\right\rangle = \left\langle\frac{\partial \hat{H}}{\partial \lambda}\right\rangle_n \qquad (7.3.3)$$

这里符号 $\langle\ \rangle_n$ 表示 ψ_n 态下的平均。

● 这就是费恩曼在科学刊物上发表的第一个工作，(7.3.3) 式后来被称为 H-F 公式。其实这个式子在朗道所著的《量子力学 (非相对论理论)》[42] 的第二章能量和动量中也出现过，然而朗道仅表示"该式在应用中会遇到"。这也不奇怪，科学共同体青睐于原创，况且又是伟大的费恩曼的处女作，而不管它是否更重要。所以，重要的比更重要的重要！

二、由 H-F 公式导出维里定理

这里所关心的是 H-F 公式与经典力学和经典统计的关系及其应用。设体系的哈密顿算符可以表示成如下的动能加势能形式：

$$\hat{H} = \frac{\boldsymbol{p}^2}{2m} + V(\boldsymbol{r}) = -\frac{\hbar^2}{2m}\nabla^2 + V(\boldsymbol{r}) \qquad (7.3.4)$$

维里定理的形式如下：

$$\left\langle\frac{\boldsymbol{p}^2}{2m}\right\rangle = \frac{1}{2}\langle\boldsymbol{r}\cdot\nabla V(\boldsymbol{r})\rangle \qquad (7.3.5)$$

这里略掉了脚标"n"，这是因为维里定理应用广泛，甚至适用于连续态的经典平均。关于它有许多证明方法，但通常的方案是利用力学量算符的海森伯运动方程。其实，最简单证明维里定理的途径就是利用 H-F 公式。

受费恩曼先生以及钱伯初和曾谨言两位教授的上述工作的启发，笔者在所编写的教材 [43] 中，选用了两道维里定理运用在统计物理中的习题。

(1) 以 $\varepsilon(q_1, \cdots, q_r; p_1, \cdots, p_r)$ 表示玻尔兹曼统计中的粒子能量，求证：

$$\left\langle x_i \frac{\partial \varepsilon}{\partial x_j} \right\rangle = \delta_{ij} k_{\mathrm{B}} T \tag{7.3.6}$$

式中，k_{B} 为玻尔兹曼常量，T 是温度。

(2) 对相对论性粒子，其能量为 $\varepsilon = \sqrt{p^2 c^2 + m^2 c^4}$，证明下式成立：

$$\left\langle \frac{c^2 p_i^2}{\varepsilon} \right\rangle = k_{\mathrm{B}} T, \quad i = x, y, z \tag{7.3.7}$$

📖 **扩展阅读**：P7. 维里定理的证明及 H-F 公式的应用

7.3.2　费恩曼所用的布朗运动公式之改进

布朗运动是非平衡态统计物理中最基础的课题，但是目前国内大部分教材对这部分内容的处理，与费恩曼在《物理学讲义 (第 1 卷)》的办法一样，即用坐标乘以朗之万方程两边后求平均，引入了仅适合平衡态下的能量均分定理，计算自由粒子的暂态方均位移。这种方法给出的表达式是不严格的，对初始时间粒子呈现弹道扩散的解释亦是不正确的。

一、用宏观运动理解微观现象

费恩曼喜欢用比拟的手段或与已知的结果比对，这完全是为了易于理解新的问题。现在让我们看看他是如何用宏观运动来理解微观现象即布朗运动的。

布朗运动是英国植物学家布朗 (Robert Brown，1773—1858) 于 1827 年在研究微生物时发现的，他在显微镜下观察到细小微粒在液体中到处游来游去。人们后来知道这是分子运动的一种效应。爱因斯坦和斯莫卢霍夫斯基进行了理论分析，法

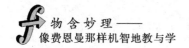

国巴黎索本大学的佩兰 (Jean Baptiste Perrin, 1870—1942，他因物质结构的不连续性获得 1926 年诺贝尔物理学奖) 早期观察后的 100 多年，布朗运动仍然是当今实验研究和理论关心的重要课题。费恩曼在他的《物理学讲义 (第 1 卷)》第 41 章布朗运动中，将这种无规运动类比成游戏场中的滚球。笔者对随机过程比较熟悉，但没有发现其他人像费恩曼那样处理布朗运动的。费恩曼写道："我们可以通过想象在游艺场中有一个很大的可以推动的球来定性地理解这种效应。假定我们从很远的地方看去，下面有一大堆人，所有的人都从各个方向推动着这个球。我们看不到人，因为我们离开球太远了，但可以看见球，并且注意到它相当无规则地来回运动。"请注意在这个比喻中用到了两个关键词："很大的球"和"看不见的人"，前者是布朗粒子 (慢运动的重颗粒)，后者意指周围分子 (看不见的快运动液体分子)。一下子就把布朗运动的实质给揭示出来了。

费恩曼先生在这里还用到了一个词："很远"，表明人们难以观察球的运动细节。看似不经意，其实却有着物理内涵！布朗粒子的运动轨迹是无规的，且具有自相似结构。通俗地说，如果人们每隔 5 秒或者每隔 10 秒记录布朗粒子的位置，分别把两组数据点连接起来，那么将会看到两种轨迹图是非常相似的，参见 https://en.m.wikipedia.org/wiki/Brownian_motion(图 7-4)。

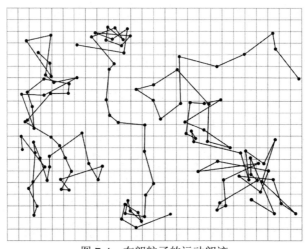

图 7-4　布朗粒子的运动朗迹

📖 **扩展阅读**：P8. 分数布朗运动和反常扩散

费恩曼想研究的问题是：布朗粒子到底能跑多远？这已经由爱因斯坦在 20
世纪初首先予以解决了，即用无规行走方法导出粒子在一定时间 t 的末了的方
均距离正比于时间。不过，费恩曼是从朗之万方程出发，这一方法的核心之处在
于引入了噪声，从而使得它可以用来研究许多系统和过程。目前，国内热力学与
统计物理、统计物理学、统计热力学、热学等教材在涨落理论及相关章节中，都
重点讲解了布朗运动现象、历史以及主要模型即朗之万方程。本书基于线性朗之
万方程，将噪声项看作一个源项，得到了布朗粒子速度和坐标二次矩的精确表达
式，改进了费恩曼用的矩方法，回答了他所含糊其辞的"经过了一定时间"，使
之能够获得粒子方均位移的正确结果。分析布朗粒子短时和长时的扩散机制；纠
正用矩方法计算粒子坐标方均位移的缺陷。

将布朗运动投影到 x 方向，并且无其他外力，关于颗粒坐标 $x(t)$ 分量的一
维朗之万方程写作

$$m\frac{\mathrm{d}^2 x}{\mathrm{d}t^2} = -\alpha\frac{\mathrm{d}x}{\mathrm{d}t} + F(t) \tag{7.3.8}$$

式中，m 为布朗粒子的质量，α 是黏滞阻力系数，$F(t)$ 是涨落力 (也称无规力或
噪声)，即在时刻 t 介质分子对布朗粒子随机碰撞产生的净力，其平均值等于零，
确定它需三个要素：强度、关联和分布。方程 (7.3.8) 系一个随机微分方程，若噪
声满足高斯分布，则其驱动的线性方程的解也满足高斯分布。那么，仅需要计算
粒子速度和坐标的前二次矩，就完全确定无外场情况下布朗运动的统计行为。这
是一个理解扩散规律、弛豫过程和时间关联的最简单的模型。然而，国内大部分
教材在研究颗粒扩散律方面存在缺陷，即用仅适于平衡态的能量均分定理来获

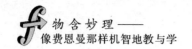
得布朗粒子的暂态方均位移。其表达式是不严格的，而用它来分析粒子的短时特性是不正确的。

二、费恩曼用能量均分定理解此问题

目前所有的国内"热统"教材[30-35] 均采用与费恩曼同样的矩方法 (也称维里方法)，即用 $x(t)$ 乘以方程 (7.3.8) 的两端，整理化简，然后方程两边同取系综平均，得到

$$\frac{1}{2}m\frac{\mathrm{d}^2}{\mathrm{d}t^2}\overline{x^2} - m\overline{\left(\frac{\mathrm{d}x}{\mathrm{d}t}\right)^2} = \overline{xF(t)} - \frac{1}{2}\alpha\frac{\mathrm{d}\overline{x^2}}{\mathrm{d}t} \tag{7.3.9}$$

请注意：为了与国内常用教材一致，这里和下面的系综平均用"上划线"来表示，其实应该用 ⟨ ⟩ 来表示系综平均，而"上划线"代表时间平均。这一步是没有问题的，即通过系综平均，将原本描写粒子轨道的随机微分方程 (7.3.8) 变成关于其坐标二次矩的常微分方程 (7.3.9)。接下来的推导，大部分教材采用了以下两点。

(1)"涨落力 $F(t)$ 与颗粒的位置无关，因此 $xF(t)$ 的平均值等于 x 的平均值与 $F(t)$ 的平均值的乘积，但 $F(t)$ 的平均值为零，故 $\overline{xF(t)} = 0$。"然而，笔者和 P. Hänggi 合作的研究表明：这个结果在强非马尔可夫和非各态历经过程中是不成立的 (参见扩展阅读 P9 所列的文献)。不过，这里对此不展开讨论。

(2) 根据能量均分定理得 $m\overline{\left(\frac{\mathrm{d}x}{\mathrm{d}t}\right)^2} = k_\mathrm{B}T$(这里 k_B 是玻尔兹曼常量)，代替方程 (7.3.9) 中左边第二项。因此，许多教材把方程 (7.3.9) 的通解写作

$$\overline{x^2(t)} = \frac{2k_\mathrm{B}T}{\alpha}t + C_1\mathrm{e}^{-\frac{\alpha}{m}t} + C_2 \tag{7.3.10}$$

式中 C_1 和 C_2 是积分常数，大部分教材有两个方案确定它们。

(a) 把布朗粒子看成小球，根据斯托克斯公式估算出 $\frac{\alpha}{m} \sim 10^7$，则 (7.3.10) 式中右端的第二项可略掉。在省去该项后，C_2 就代表在 $t = 0$ 时 x^2 的平均值。假定 x 取为从原点起计值，那么 $\overline{x^2(0)} = 0$，从而 $C_2 = 0$。于是，(7.3.10) 式化为 $\overline{x^2} = \frac{2k_\mathrm{B}T}{\alpha}t$。

(b) 完全由初始条件定出，设 $t = 0$ 时，所有的粒子都静止在 $x = 0$ 处，即 $\overline{x^2(0)} = 0$, $\dfrac{\mathrm{d}}{\mathrm{d}t}\overline{x^2(0)} = \overline{2x(0)v(0)} = 0$, 则方程 (7.3.10) 的特解表为

$$\overline{x^2(t)} = \frac{2k_{\mathrm{B}}T}{m\left(\dfrac{\alpha}{m}\right)^2}\left(\frac{\alpha}{m}t + \mathrm{e}^{-\frac{\alpha}{m}t} - 1\right) \tag{7.3.11}$$

这两种方案都是不妥的。对于前一种方案而言，不应用具体的参数值对结果作近似处理，因为若略掉了 (7.3.10) 式右边的第二项，则会带来确定 C_2 参数的不准确性。更为关键的是，几乎所有教材皆使用了能量均分定理，但它仅适用于长时平衡态下速度的平方平均。那么，(7.3.10) 式中的 C_2 就不应由初始条件来给出，而应从渐近结果获知，但自由粒子坐标二次矩的精确长时结果是事先未知的。所以，将能量均分定理应用于方程 (7.3.9) 后，不能给出关于布朗运动的暂态解答。后一方案貌似合理，但仍然不正确。这是因为在随机过程中，时间趋于无限大的态被定义为渐近态，若考虑的是束缚变量，例如自由布朗粒子的速度，因存在黏滞阻尼作用，故速度的渐近态即为稳定态。这意味着将能量均分定理应用于方程 (7.3.9)，所获得的是长时解，(7.3.10) 式中的积分常数也不能由初始条件来定出。

已知的所有教材均分析了 (7.3.11) 式的长时行为，即 $\lim\limits_{t\to\infty}\overline{x^2(t)} \approx \dfrac{2k_{\mathrm{B}}T}{\alpha}t$；部分教材还讨论了该式的短时近似结果。虽然粒子的方均位移不是严格的，但用它来确定系统的扩散系数 D 却是可行的，这是因为 $D = \lim\limits_{t\to\infty}\left[\overline{x^2(t)} - \overline{x(t)}^2\right]/(2t)$。

另一方面，一些教材考虑了 (7.3.11) 式在初始短时间内的情况，写道：当 $\dfrac{\alpha}{m}t \ll 1$, 有 $\overline{x^2} \approx \dfrac{k_{\mathrm{B}}T}{m}t^2 = \overline{v^2}t^2$。这表明在极短时间间隔内，布朗粒子以平均速率 $\bar{v} = \sqrt{k_{\mathrm{B}}T/m}$ 运动，这与力学运动 $x = vt$ 相符。有些教材虽然没有对该式进行小时间近似，但仍然考虑了弹道运动的情况，写道："如果颗粒的运动是单纯的机械运动，例如颗粒以某种平均速率 $\sqrt{k_{\mathrm{B}}T/m}$ 作机械运动，则经时间 t 后，颗粒位移平方的平均值为 $\overline{x^2} = \dfrac{k_{\mathrm{B}}T}{m}t^2$, 这时 $\overline{x^2}$ 与 t^2 成正比。"该现象的确能在自由布朗运动中出现，但并不是布朗粒子的热运动引起的，而是它初始时刻具有

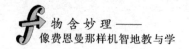
一定速度所造成的, 而与环境的温度无关。此处的扩展材料 (P9) 将揭示粒子初始时间呈现弹道扩散的机制。

费恩曼推崇"体会式"教育方法, 期待学习者只记得问题的结论是什么? 或者什么结果是正确的; 需要的话, 他就自己想出一个证明方法。这个有关自由布朗粒子方均位移的推导, 用的是大学高等数学的知识。有几种方案去精确求解线性朗之万方程 (7.3.8), 例如拉普拉斯变换法、常数变易法, 当然最简便的方法是把噪声看成一个源项, 可参考《数学手册》, 使用一元二阶常系数非齐次微分方程的通解公式, 经计算可得粒子坐标的二次矩:

$$\overline{x^2(t)} = \overline{x(t)}^2 + \frac{2k_\mathrm{B}T}{\alpha}\left[t - \frac{2m}{\alpha}\left(1 - \mathrm{e}^{-\frac{\alpha}{m}t}\right) + \frac{m}{2\alpha}\left(1 - \mathrm{e}^{-2\frac{\alpha}{m}t}\right)\right] \quad (7.3.12)$$

📖 **扩展阅读**: P9. 布朗运动暂态解及改进矩方法

总之, 笔者基于线性朗之万方程的精确解, 给出了阻尼自由粒子速度和坐标的二次矩。结果显示: 粒子初始时刻呈现弹道扩散是由于力学运动, 即粒子初始具有速度所带来的, 而不是来自介质分子对布朗颗粒的无规碰撞 (即热运动)。还纠正了目前国内教材用矩方法计算粒子方均位移的不足, 提出用时间有关的速度二次矩来代替能量均分定理, 进而给出与解朗之万方程相同的结果 (P9)。

● 费恩曼给出的是"粒子在一定的时间 t 的末了的方均距离正比于时间"的结论, 这没有问题。但是后来许多人在费恩曼矩平均方法的基础上, 想获得更多或一般性结果, 即用能量均分定理来确定布朗运动暂态行为, 这就不恰当了, 因为这个定理仅适用于长时间极限下的平衡态, 不能与初始条件联系起来。一个有趣的现象是: 人们"往往"愿意跟随杰出人物的工作, 希望有所深化和推广, 可是"往往"错误却出现了，而纠正后来的"问题"比研究一个"新问题"要花费更大的力气。这让我们想起伟大的艺术家兼科学家达·芬奇四百年前说的一句名言："力学的定律制约着工程师和发明家，使他们不能向自己和别人许诺不可能的东西。"

7.3.3 费恩曼的绝笔 —— 变分路径积分

打开 Web of Science 网，搜索作者名 **Feynman P R**，显示费恩曼共发表了 **48** 篇论文，他生前最后一篇文章是有关量子力学变分路径积分的，其定格在 1986 年美国《物理评论 A》[44]。截至 2018 年 3 月 14 日 (雅称 π 日，伽利略的忌日、爱因斯坦的诞辰和霍金的忌日)，费恩曼论文被引用次数为 **27496**，平均每篇论文被引用 572 次。

笔者第一次接触路径积分的时间是 1986 年，当时在中国原子能科学研究院读研究生。其中一门学位课"非平衡统计物理"由笔者的导师卓益忠研究员讲授，很多内容就是费恩曼所发展的量子路径积分。卓益忠先生 1956—1959 年在前苏联科学院理论物理研究所的理论部学习，成为通过朗道"势垒"(诺贝尔物理学奖得主朗道为其研究生所设置的 9 门课程测试) 严格考试的 3 位中国人之一；1964—1966 年，卓益忠先生作为访问学者到丹麦哥本哈根玻尔研究所，跟随诺贝尔物理学奖获得者玻尔从事原子核理论的研究。他讲课非常投入，满黑板的大段推导，且经常拖堂，下课走出教室时经常不是忘记了手表就是落下了眼镜盒。

笔者和卓先生合作近 30 年，用路径积分方法研究受激核裂变速率、非线性量子耗散系统、量子棘轮等。并且，笔者将学习和应用路径积分的体会总结成一本书 [45]。卓益忠先生于 2017 年 1 月 29 日不幸因病去世，享年 85 岁。笔者应邀在《原子科学城》杂志 2017 年第 1 期上撰文，以"忠于学术、益携后辈、卓越贡献"为题来纪念这位核物理学家。

● 从卓益忠先生身上，笔者感觉到不同于费恩曼的另一种风格，即朗道式的论述连续性，亦为学院式的"按部就班"，费恩曼却是跳跃式的"旁敲侧击"。如

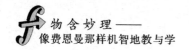
果要问一个班级上，有几位同学认可前者？又有多少学生喜欢后者？那么希冀的答案是经济学上的"二八分布"，即 20% 的人划归"朗道派"，80% 的人属于"费恩曼派"。一位优秀的物理教师应是这两种风格的混合体。

一、路径积分基本思想

量子力学和量子统计的算符表示并不总是给出量子机制最为明显和直观的理解，而一种等价的方式是使用无穷维积分来避免算符，即路径积分 (图 7-5)。众所周知，薛定谔方程方式是从一个态在无穷早时间的知识，来确定它在某一时刻的性质，而路径积分方法所得到的量子力学振幅，包含了系统在所有时间的总体行为 [46,47]。

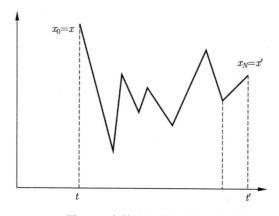

图 7-5　离散积分路径示意图

在费恩曼路径积分的原始形式中，在笛卡儿坐标系中考虑了一个点粒子的运动，给出了在两个局部态之间的时间演化算符的传播振幅，即

$$\langle x_b, t_b | x_a, t_a \rangle = \langle x_b | \hat{U}(t_{b,a}) | x_a \rangle, \quad t_b > t_a \tag{7.3.13}$$

对于连续变化的变量，系统状态随时间的发展可以用波函数表示为

$$\Psi(x, t) = \int K(x, t; x_0, t_0) \Psi(x_0, t_0) \mathrm{d}x_0 \tag{7.3.14}$$

其中，$K(x, t; x_0, t_0)$ 称为传播子，是路径积分中所要计算的关键量。费恩曼方法的机智与巧妙之处在于：将量子力学意义下的传播子与经典力学的拉格朗日量 (动能减去势能) 相联系，进而量子传播子明确写作：

$$K(x, t_f; x_0, t_0) = \int D[x(t)] \exp\left(\frac{\mathrm{i}}{\hbar}\int_{t_0}^{t_f}\left[\frac{1}{2}m\dot{x}^2(s) - V(x(s))\right]\mathrm{d}s\right) \quad (7.3.15)$$

式中，$\int D[x]$ 代表无穷维积分。

费恩曼所发展的量子力学路径积分方法有许多优点，总结出来如下。①系统运动不再用微分方程描写，而用积分定出波函数在有限时间内的变化，这有利于数值计算，例如可以把时间间隔 $t_f - t_0$ 分成 N 个离散间隔，粒子各个时刻的坐标为 $x = x_0, x_1, x_2, \cdots, x_N$，则可在 (7.3.15) 式中插入 $N - 1$ 个完备性积分，进而把泛函积分 $\int D[x(t)]$ 表示成 N 维积分。②由于它对量子涨落的描述与统计力学的非常相似，在观念上很有吸引力。③通过半经典近似，把量子力学与经典力学光滑地衔接起来了。④是研究规范场量子理论的最为方便的方法，因为这是相对性原理简单归结为在那些对规范变换不变的构形上作路径积分。⑤概率论中已发展起来的相对成熟的泛函积分和无穷维随机分析为路径积分提供了帮助。⑥可以对有曲率和挠率空间中的量子动力学给予正确描述。

二、费恩曼有效经典势

为了寻找某些量子力学问题的使用经典量表示的近似解答，以往最常用的是半经典近似，也称为稳定相近似。应该注意的问题是：①与系统经典作用量相比，普朗克常量 $\hbar$ 很小；②对量子力学作半经典处理时，需要把所要计算的量按 $\hbar$ 的幂次展开，展开的首项并非 $\hbar \to 0$ 后得到的经典极限项，这种展开是一种渐近展开，而且它的收敛速度要比通常的量子力学方法快；③该方法适用于讨论宏观系统的量子效应。

改进半经典近似的常用方法是局域简谐近似 (LHA)，即对有界的非谐势围绕着粒子所处的经典坐标作谐振子势近似，但势频率是经典坐标的函数。这样一来，关于涨落轨道的积分是二次型的，那么在量子配分函数中完

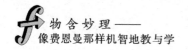

成涨落轨道的路径积分后，剩余部分是经典坐标的函数，然后再用数值方法计算经典轨道的积分。显然，LHA 方法虽然比费恩曼当初在《量子力学与路径积分》[47] 书中的结果有一定改进，然而却是不彻底的，尚不能够直观地看出系统在有限温度下的量子效应。

费恩曼对以上两种近似方法是不满意的，在他所著的《统计力学》[48] 中，谈到了改进变分方法并应用于路径积分，即希望发现一个快速的解。受这一思想的启发，在 1982 年，德国柏林自由大学的克莱勒特 (Hagen Kleinert) 教授 [49] 在加利福尼亚大学学术休假期间，与费恩曼合作开展了这一问题的研究。他们二人经过几次会面讨论，问题得到了解决并且形成了一个初稿。遗憾的是，费恩曼当时由于生病的原因，无法仔细阅读和修改。三年以后，克莱勒特教授再次来到加利福尼亚大学，费恩曼身体好转才完成这个工作的定稿，然后提交给《物理评论A》[44] 发表。这篇论文成为费恩曼先生的绝笔，显示出他思想之巧妙和做工作之彻底。

三、应用到非线性量子耗散系统

笔者深入学习了费恩曼的变分路径积分方法，于 1995 年将原来的保守系统推广到非线性耗散系统，从单变分推广到双变分 [12]。这是费恩曼最初建立路径积分时所没有考虑过的，然而对实际的物理系统不能回避。我们从系统与环境非线性耦合的拉格朗日量出发，计算系统含有效作用量的配分函数，即给出能明显展示量子效应的有效经典势。

其实，还有另外一个 F-K 公式 (费恩曼–卡克公式)。波兰数学家卡克在康奈尔大学听到费恩曼解释路径积分时，他立即领悟到路径积分这一观念与概率理论中的问题有相同之处。几天之后，卡克提出了一个新的方程式，将概率和量子力学连接起来，成为以后 QED 中不可或缺的数学工具。这个方程式后来就称为 F-K 公式。卡克认为他的事业中最辉煌的成就是"当了 F-K 中的那个 K"。

费恩曼曾经说过"问题变得越复杂，也就越有趣"的发人深思的话语，他所指的复杂并不是给"自然"编故事，而是要更接近实际。对于这样的问题，解决出来才有意义。坦率地说，由于笔者与合作者发表在 1995 年《物理评论 E》的工作过于繁琐[12]，终究未被同行引用为 "F-K-B" 公式，所以笔者也就当不了那个 "B"。德国著名统计物理学家彼得亨吉 (Peter Hänggi) 教授在他的网页上说了一句大实话："你的工作越简单，就越是有人跟随它。"

📖 **扩展阅读**：P10. 推广费恩曼变分路径积分到耗散系统[45]

第8章 思想之魂，启迪未来

1987 年 10 月，费恩曼腹部又出现另一个肿瘤，医生试着再开一次刀来阻止肿瘤蔓延，这是最后一次了。早在 1978 年 10 月，费恩曼被诊断患了癌症，那时他已 60 岁。比费恩曼年轻的物理学家如盖尔曼，早就从研究的最前沿退了下来，可是费恩曼却还在研究量子电动力学 (QED)。

美国加州理工学院的物理影响力正在衰退，而其物理系的演讲会还是照常举行。费恩曼通常像个磁铁一样，坐在前排，几乎每次都抢尽风头。来报告的人都知道这一点。演讲人若不够机警，有时会被他搞得很难堪。因在 LIGO 探测器 (laser interferometer gravitational wave observatory) 和引力波观测方面的决定性贡献，而荣获 2017 年诺贝尔物理学奖的索恩 (Kip Stephen Thorne, 1940—   )，当时还很年轻，竟然被费恩曼问得当场就觉得全身不对劲儿，像生了病一样。

这一时期，粒子物理学界的重心已经转移到哈佛、普林斯顿等美国东海岸的大学。弱相互作用和电磁相互作用的结合产生了规范场理论；强相互作用也纳入量子电动力学之中。量子理论的复兴，使大家重新认识到费恩曼所创立的路径积分的优点，特别是在量子规范场论中不可或缺。费恩曼本人并没有去追究路径积分的新含义在哪儿？尽管许多人认为：它不仅是一个有用的工具，而且代表了大自然最深层的组织法则。

费恩曼在住进加州大学洛杉矶分校医学中心之前，办公室久没清扫的黑板上写着他的箴言：

> 我不能创造的，我就不能理解；
> 要学习把所有已解的问题再解一遍；
> 要去学习的项目：贝特臆测问题、二维霍尔效应。

1988 年 2 月 15 日午夜前不久，他的身体猛吸却吸不到氧气瓶里的氧气，他在世界上的空间终于关闭了。但是，他留下了不可磨灭的痕迹：

> **他所知道的以及如何知道的好东西。**

费恩曼先生的那些好思想与好办法是不朽的！仍然对后来的物理学人乃至大众有启发。以下将探讨费恩曼所留下的三个宝贵遗产：分子马达、引力波和量子计算机[50-53]。其实这并不是他所擅长的领域，但他的远见卓识着实令人敬佩。

8.1　费恩曼棘轮与爪诱发分子马达研究

在《物理学讲义 (第 1 卷)》，费恩曼独具匠心地设计了"棘轮与爪"一章，目的在于验证热力学第二定律，亦即要从分子理论的观点出发，对从一台热机中所能得到的功具有最大值提供一个基本的解释。估计费恩曼本人不会料到，在他去世的十年之后，基于棘轮装置的分子马达定向做功机制的理论和实验研究风起云涌，很快成为热点课题。热力学创始人的心中装着宏观系统，因此他们用几个态变量就能够描写，而现代热力学的关键问题在于微观机械能超过宏观定律的极限有多远。

一、棘轮和掣爪装置

假设有一箱处在一定温度 T_1 下的气体，其中有一根带叶片的转轴，由于气体分子撞在叶片上，叶片会振动和转动；在轴的另一端套上一个转轮，置于一箱温度为 T_2 的气体内，它只能沿一个方向转动，这就是棘轮 (ratchet) 和掣爪 (pawl) 装置，如图 8-1 所示。其中，在掣爪上还有一根弹簧，在经过轮齿后，掣爪必须又返回来。当轴试图往一个方向跳动时，它不能转动，而往相反方向跳动时，它能转动。于是，轮子将缓慢地转动，甚至可以把一个栓在一根从轴上悬挂的绳末端的跳蚤提起来。

现在要问当 $T_1 = T_2$ 时，这可能吗？费恩曼利用它作为一个思想实验来验证热力学第二定律，因为卡诺定理告诉人们：如果一个系统处在相同的温度下，那

149

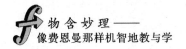

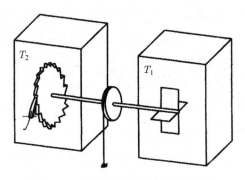

图 8-1　费恩曼棘轮与掣爪示意图

么就不可能通过一个循环过程来使热量转变为功。

二、工作原理

当叶片受到碰撞时，有时掣爪提高而越过轮齿的边缘，但有时当叶片企图朝相反方向转动时，掣爪已经由于它在轮边运动的涨落而被提升，这样，轮子就回来朝反方向运动，净结果等于零。即当两边温度相等时，轮子没有净平均运动。这就是这个装置不可能永动的原因。

现在设叶片的温度为 T_1，而轮子或棘轮的温度是 T_2，T_2 小于 T_1。由于轮子较冷，掣爪的涨落相对要小一些，因而要使它获得能量 ε 是很难的，因为叶片的温度 T_1 较高，它经常地取得能量 ε，所以这样一来，装置将像设计的那样沿着一个方向转动。

首先，考虑向前转动。为了向前一步，设从叶片末端需取得能量 ε，轮子反抗力矩 L 转过角度 θ，所以还需能量 $L\theta$，即需总能量 $\varepsilon + L\theta$。得到这样的能量的概率正比于 $e^{-(\varepsilon+L\theta)/(k_B T_1)}$。然后，分析反过来转动的情况。为了使轮子向后转，必须做的只是提供能量来把掣爪提得足够高以使棘轮能滑过去。这个能量仍是 ε。每秒种使掣爪提得这么高的概率是 $(1/\tau)e^{-\varepsilon/(k_B T_2)}$。比例常数是相同的，但是温度不同。虽然这些能量相等，但是效果相反，一会儿升高，一会儿降低物体，两者的平均行为取决于这两个概率中哪一个更大。

三、布朗马达

费恩曼构思的棘轮与掣爪同时与温度不等的两个热源相接触。迄今为止，费恩曼棘轮与掣爪装置并没有被实验实现[50]。这是因为为了显示热涨落所发挥的重要作用，这个装置必须在一个非常小的尺度上造出。已有文献给出了定量估计，表明为了达到一个合适的棘轮效应，所需的温差在实验上是不适宜的。不过，将棘轮和爪一侧的温度选与叶片的一样，但在棘轮系统附加上一个零偏压外部驱动，在实验上是可行的。这引发了后续大量的整流无规过程而定向运动的理论和实验研究，尤其因为这与分子马达有关 (细胞中有各种高效的把化学能转变为机械功的分子马达，见图 8-2)。这是布朗运动最新、最积极的应用，成为最近二十年来非平衡态统计物理最为活跃的课题。

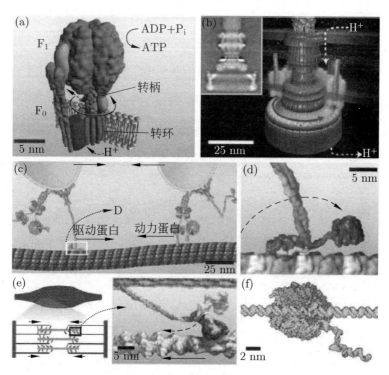

图 8-2　分子马达示意图 (选自 Science，317 卷，2007 年 7 月)

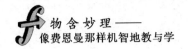

布朗马达 (布朗粒子受非平衡驱动在不对称周期势中的定向运动) 模型分为三类: 摇摆棘轮 (rocking ratchet)、闪烁棘轮 (flashing ratchet) 和关联棘轮 (correlated ratchet)。这里, 蛋白分子与微管 (图 8-2) 的电相互作用势的形状有点像棘轮曲线。模型归结为一个过阻尼布朗粒子在一个不对称周期势中的随机运动, 即

$$\gamma \dot{x}(t) = -\frac{\partial}{\partial x}V(x,t) + \xi(t) \tag{8.1.1}$$

$\xi(t)$ 是一个平均值等于零的噪声, 系统无偏压的标志是

$$\int_{t}^{t+T} \mathrm{d}t' \int_{0}^{L} \mathrm{d}x' \frac{\partial V(x',t')}{\partial x'} = 0 \tag{8.1.2}$$

常用的不对称周期势, 也称棘轮势为

$$U(x) = -U_0[\sin(2\pi x/L) + 0.25\sin(4\pi x/L)] \tag{8.1.3}$$

$$U(x) = \begin{cases} \dfrac{U_0}{\alpha L}x, & nL \leqslant x < (n+\alpha)L \\ \dfrac{U_0}{(1-\alpha)L}(L-x), & (n+\alpha)L \leqslant x < (n+1)L \end{cases} \tag{8.1.4}$$

在无外部偏压的前提下, 布朗马达稳定工作所需的条件是: 局部或暂时的时空不对称和非平衡涨落的结合。让我们简单分析三种模型产生定向流的机制。

(1) 摇摆棘轮: 时间有关的势为 $V(x,t) = U(x) + A\sin(\omega t)x$。若选 (8.1.3) 式作为棘轮势, 则在一个空间周期内, 相对于势能极小点, 势朝着右侧的坡比左侧的平缓 (图 8-3)。那么向上倾斜的势垒高度大于向下倾斜的, 故在相同倾斜角的情况

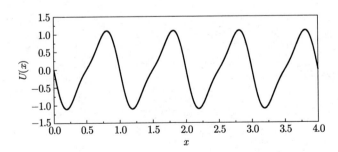

图 8-3　一种光滑的棘轮势 ((8.1.3) 式)

下粒子向右的平均速度大于向左的，故在一个信号周期内，粒子的净流不等于零。

(2) 闪烁或涨落棘轮：$V(x,t) = z(t)U(x)$，这里 $z(t)$ 为随机或周期性地取 0 和 1 两个值。$z(t) = 0$ 表示势脱离，粒子自由扩散，其位置的分布函数为高斯型；$z(t) = 1$ 意味着势存在，它将高斯波包切割成一些小的部分。由于周期势的不对称性，距无势时分布中心较近的陡边一侧势阱得到的尾巴分布较多，这相当于粒子向陡势方向运动，粒子平均速度与摇摆棘轮的情况相反。

(3) 关联棘轮：用一色噪声 $\varepsilon(t)$ 驱动朗之万方程，例如"红"噪声，其关联函数为 $\langle\varepsilon(t)\varepsilon(t')\rangle = D\tau_c^{-1}\exp[-|t - t'|/\tau_c]$，其中 D 为扩散常量、τ_c 称为噪声关联时间。色噪声与非线性势耦合的效应为加性 (常数强度) 色噪声，等价于一个乘性 (坐标有关的强度) 白噪声，即 $\dot{x} = -U'(x) + g(x)\xi(t)$，两边同除 $g(x)$，并令 $y = \int^x \mathrm{d}x'/g(x')$，那么新方程 $\dot{y} = -U_1'(y) + \xi(t)$ 中的势变为 $U_1(y) = \int^y U'(y')\mathrm{d}y'/g(y')$，就成为一个倾斜的"搓衣板"，粒子在这样的势中运动存在定向流是必然的。

布朗马达不是去抑制布朗运动，而是利用永不停止的噪声源去有效和可靠地定向、分离、泵浦、驾驭不同的自然自由度。许多研究者对基本的棘轮模型进行了组合和推广，如惯性棘轮、温度棘轮、旅行棘轮、耦合棘轮、量子棘轮和相对论棘轮等，可参考两篇综述性文章 [51,52]。

8.2　引力波与费恩曼的机灵

1955 年是狭义相对论问世五十周年、广义相对论问世四十周年的年份。物理学家筹备一场纪念会议，在爱因斯坦曾经为专利局打工的瑞士伯尔尼市举行。爱因斯坦曾计划出席，但他的不幸去世赋予了会议更及时的象征意义。泡利 (Wolfgang Pauli, 1900—1958，美籍奥地利物理学家，因发现了泡利不相容原理而荣获 1945 年诺贝尔物理学奖) 在那年 7 月召开的会议开幕致辞中指出："(我们现在) 这个重要的历史时刻是相对论理论以及整个物理学历史的转折点。"至少从广义相对论的角度，他的话并非虚言。引力波是会议上的一大议题。比较

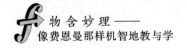
讽刺的是，对引力波持最强烈否定态度的正是爱因斯坦的前助手、柱面引力波的冠名人之一罗森 (即 EPR 悖论，Einstein-Podolsky-Rosen paradox 中的那个 Rosen，他和爱因斯坦还完善了"虫洞"的概念)。

当年离开普林斯顿去了苏联 (现乌克兰首都基辅市) 的罗森很快也发现了那篇论文中的数学错误。他给爱因斯坦写了一封信，但未能送达。后来罗森收到朋友寄来的一份剪报，才从新闻中知道论文被"降级"发表在一个小刊物上。又过了好久他才得以读到那期《富兰克林研究所所刊》，当即由惊诧转为极度的不快。虽然他走之前曾同意由爱因斯坦全权处理论文，却绝没有想到爱因斯坦不仅换了期刊还把整个论文的结论都颠倒了发表。他给爱因斯坦写信抱怨，说发表的版本虽然避免了当初的小错误，却付出了回避实质问题的代价。

在罗森看来，实质的问题依然是引力波不能存在。于是，他也自作主张地把他们论文的原稿略作修改但保留原来的结论，发表在苏联一份学术刊物上 (爱因斯坦和罗森这篇历史性论文的原底稿已经失传，罗森发表的这个版本应该是最接近原样的)。在伯尔尼的这个会上，罗森发表了他的最新成果：他推导出他们名下的柱面引力波所能携带的能量是零，因此没有实际意义。

两年后，美国的物理学家也组织了他们自己的广义相对论会议，在北卡罗来纳州大学所在的教堂山召开。这次会议由美国空军的科研经费资助。在第二次世界大战的余威下，空军抱有幻想，有朝一日这些神奇的物理学家会发明出抗重力的神器来。普林斯顿大学教授惠勒 (John Wheeler) 是主要组织者。他顺带着把自己过去的学生 —— 无论他们是否涉足过广义相对论 —— 全都邀请来共襄盛举，包括他最得意的、第一位博士生费恩曼。

费恩曼这时羽翼已丰，颇为恃才傲物，尤其是看不上广义相对论这一理论。为了显示清高，他特意用了一个假名，在会议上注册为"斯密斯先生"，以至于有些与会者不知道他的真实身份。费恩曼到会晚了一天，错过了第一天关于引力波的讨论。在看到众多专家围绕着复杂的数学方程争论得不亦乐乎时，忍不住插嘴发表了一番高论。他首先觉得当时的广义相对论研究很空洞，没有实验的支持。他用不久前解决的量子电动力学问题举例：他们知道遇到的发散问题只是数学上的困难，因为已经有多种实验测量告诉他们最后的物理结果不是无穷大。但在广义相对论领域却不存在这个好处，不容易把握方向。

费恩曼没有提到爱因斯坦和罗森那篇论文所经历的反复，因为他并不了解 —— 那时候还只有罗森和《物理评论》编辑才知道其中的过节。但是，费恩曼的确一针见血：正是因为没有实验结果作参照，爱因斯坦和罗森才会在遭遇奇点时轻率地得出，接受引力波不存在的结论。

费恩曼怀疑他们在讨论的会只是数学游戏。他提出如果一味追求理论的严格、数学的准确，反而会失去对物理图像的把握 —— 所谓只见树木、不见森林。至于引力波是否能携带能量的争论，他更是完全舍弃数学推导，提出了一个简单的假想实验。

既然引力波是空间本身的波动，它到来时空间中所有物体都会随之振荡起来。设想有一根长棍子，上面有一个或几个非常小的珠子，可以沿着棍子滑动。引力波到来时，棍子和珠子的反应会有所区别：棍子每个部分都要随着引力波振动，但因为它们是完整的一体，各部分之间受原子间的电磁力束缚，振荡幅度会非常小。而珠子是个体，它的振荡幅度就会比棍子的大。这样，我们可以观察到珠子与棍子之间的相对运动。如果珠子与棍子之间有些摩擦，我们还可以探测到摩擦生的热。能量是守恒的。在这个假想实验中，摩擦能够生热，其能量只能来自引力波。因此，引力波必然是携带着能量的。

不料，费恩曼这一番天真的外行话倒还真让一众引力学家脑洞大开，几乎立刻就接受了引力波的现实。这个假想实验被称之为"粘珠论"(sticky bead argument)(图 8-4)，后来被用在证明引力波的正式论文中。

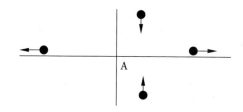

图 8-4　"粘珠论"示意图

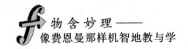

当然不是所有人都可以这样被说服。罗森没有参加美国的这个会议，也一直没有接受引力波，尽管他的论文得到其他专家反驳。迟至 1979 年，他还发表了一篇论文，把费恩曼博士论文中与惠勒合作研究电磁波的一种方法运用到引力波上，再一次"证明"了引力波无法存在。与 40 多年前如出一辙，他论文的题目是《引力辐射存在吗？》(Does Gravitational Radiation Exist?) 只是那时已经没有人再注意到他的工作了。

这两次会议最成功之处是重新点燃了广义相对论的香火。这个国际会议作为传统保持了下来，每两三年举行一次。以广义相对论的英文缩写编号，1955年的伯尔尼会议代号是"GR0"，1957 年教堂山则是"GR1"，以此薪火相传。下一次会议——"GR22"——将于 2019 年在西班牙举行。

费恩曼后来也参加过这个会议，但总是牢骚满腹。他曾在欧洲开会时给他的夫人写信抱怨这个领域如何的无聊，请求她以后禁止他再参与这个会。他也没有对引力波表现出多大兴趣，而是坚持引力必须像电磁力那样量子化之后才能有意义。他作了一些尝试，但也没能找到实现引力量子化的途径 (广义相对论与量子力学的融合至今仍是一大难题)。

8.3　费恩曼与量子计算机

费恩曼 1980 年在一份题为《Lecture on Computation》的讲义中重点阐述了对计算机科学的见解。这份讲义来源于费恩曼、霍普菲尔德 (Jhon Hopfield) 和米德 (Carver Mead) 三人合写的名为 "The Physics of Computation" 交叉领域的研究。自 1983 年秋，费恩曼在加州理工作题为 "Potentialities and Limitation of Computing Machine" 的演讲，一直到 1986 年，这些演讲被整理成上述讲义。费恩曼一直很关注计算机科学领域的发展，他甚至是一家并行计算机公司的顾问 [53]。

在讲义中，费恩曼运用他独有的视角，对几乎整个计算机科学进行了审视。他除了对可计算理论、图灵机和信息论等计算机科学的一般性主题进行了讨论，还对可逆计算和计算中的热动力学进行了探讨。费恩曼认为，计算机严格来讲不算是一门科学，因为它不研究自然对象。但是，由于计算机科学涉及语言的本质和意识的起源等深刻问题，因此有必要探讨人们对世界到底能认知到什么程度，以及为什么有些可以被认知有些却不能。这些对可计算理论的探讨到现在仍然是计算机科学的重要基础。在讨论计算机科学中的一般性主题时，费恩曼强调其本质而非细节，比如对于编程语言和操作系统只是偶有提及，但是，这种对本质的探索，使得费恩曼可以在不同的抽象层次上对整个计算机科学进行讨论。

费恩曼想解决的问题是，计算机可以被缩小到何种尺度以及如何实现。他从计算机科学的各个层面考虑了计算机能达到的极限。通过研究计算机中逻辑门的组织、所运用数学原理的局限、可逆计算和计算过程中的热动力学极限，以及半导体晶体管技术的局限，费恩曼提出，无论如何，物理定律并不妨碍缩小计算机尺寸来提高计算机性能，在原子尺度上，运用量子机制一样可以实现通用计算机，即量子计算机。量子计算机由量子器件组成，运用叠加原理和纠缠等量子机制对量子信息进行测量、存储、运算和通信。在论述量子计算机理论的时候，费恩曼提到世界是量子的而非经典的，那么对世界的模拟必然是对量子系统的模拟。然而，在经典图灵机上完整地模拟量子系统所需的时间将随系统复杂度呈指数级增长，即使对于一个微型量子系统，完整模拟所需的时间也是不切实际的天文数字。于是，费恩曼提出，如果用基于量子机制的计算机来模拟量子系统，则所需要的运算时间可大幅减少。正是基于这种考虑，费恩曼成为第一个将量子力学应用于计算机科学，并提出量子计算机概念的人 [53]。

简单的讲，量子计算机和经典计算机的根本区别在于前者处理量子信息，而后者处理经典信息。经典信息表示的是经典物理系统的状态，比如开关的开和断，而量子信息表示的是量子物理系统的状态，比如粒子的自旋或者极化。经典信息的基本单位是比特 (bit=binary information unit)，状态只能是 0 或者 1；量子信息的基本单位是量子比特 (量子比特)，其状态空间是 0 和 1 的叠加态，在未测量之前是 0 和 1 的叠加，一旦被测量，便只能是 0 或者 1。实质上，对于一个具有 n 个组分的系统，如果用经典物理来描述它的状态的话，只需要 n bits,

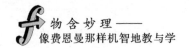

如果用量子物理来描述的话则需要 $2n-1$ 个复数。因此，即使经典计算机在理论上可以模拟量子系统，但考虑到模拟过程所消耗的资源，这种模拟也是不切实际的。量子计算机和经典计算机在本质上都是信息处理系统，都是计算机的一种形式，所不同的是处理的信息类型不一样。

无疑，当量子计算机中运用量子纠缠机制时，它的计算效率将远远超出经典计算机。当多个量子比特合在一起的时候便会形成一个量子比特寄存器，量子计算便在量子比特寄存器中展开。量子器件是存储和处理量子比特的装置。传统计算机依靠半导体集成电路来进行记录和运算比特流，而量子计算机则依赖原子或者小分子的状态进行量子比特记录和运算。费恩曼在 1984 年美国阿纳海姆的一次会议上展示了他的量子计算机理论，并给出了基于自旋波设计的量子计算机模型。值得一提的是，该会议同时邀请了机器人、人工智能、计算机视觉和并行计算等领域的专家。

费恩曼提出计算机可以被缩小到量子尺度，并且可以利用量子机制实现高效率的通用计算。实现量子计算机的关键在于实现量子比特，也就是量子器件，费恩曼提出使用电子自旋在物理上实现量子比特。

谈到信息论，就不能不提及这一理论体系的创始人香农 (Claude Elwood Shannon, 1916—2001，美国数学家)(图 8-5)。香农定义了信息熵：$S = -K\sum_{j=1}^{N} p_j \ln p_j \ (K = 1/\ln 2)$，式中 p_j 代表在一组有 N 种可能的结果中，某事件 j 出现的概率。例如，在对 N 种可能性完全未知的情况下，只好假设它们的概率 p_j 均为 $1/N$，所以，$\ln p_j = -\ln N$，$S = K\ln N$。确定性是一种极端情况，即仅有一个事件出现，除了某个 $p_i = 1$，其他 $p_j = 0\,(j \neq i)$，导致 $S = 0$。所以，信息熵越

图 8-5　信息论创始人香农

大，不确定性越强；信息熵越小，就增加了确定性。总而言之，信息的获取意味着在各种可能性中概率分布的集中。

第9章 物理智趣，思维训练
（为《费恩曼物理学讲义》配题）

令费恩曼先生深感遗憾的事情是，他的三卷本《费恩曼物理学讲义》没有设置例题和配套的习题。这一环节对任何一位学习物理学的读者都是不可或缺的。做习题不仅仅是为了解答疑问，更是为了获取知识，将一道道例题和习题中的知识点串联起来，就可窥见本学科的全貌。多看例题、多做习题并举一反三，就可以逐渐弄明白哪些是支配学科的东西。学生通过"写写画画"的分析手段，用切中要害的物理知识解决问题。

在本书即将完成之际，笔者看到一篇引起共鸣的博文，登载在有近500位大学物理教师加入的"有物理也有诗……"微信群里，讲的是对量子论和相对论建立作出不可磨灭贡献的德国物理学家索末菲 (Arnold Sommerfeld，1868—1951) (图 9-1) 的故事。他多次提名诺贝尔物理学奖未果*，却培养出 8 位学生捧得了"那个瑞典的奖" (费恩曼戏称诺贝尔奖)。这位"物理学界的无冕之王"肯定教育有方，这让笔者想起索末菲写给他的学生海森伯 (Werner Heisenberg，1901—1976，因量子力学的创立被授予 1932 年度诺贝尔物理学奖) 的一封信中的一段话："你要勤奋地去做练习，只有这样，你才会发现，哪些你理解了，哪些你还没有理解。"

图 9-1　德国物理学家索末菲

---

*还有一些科学家如胡克、特斯拉、卡文迪什等对物理学的发展作出了伟大贡献，但是他们的英名并没有得到应有的传颂。

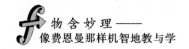

9.1　思维训练诸要素

一、概念和定义

重视基本概念、图像和结论是物理教学的生命线。大多数教材都为学生布置有思考题，但由于缺乏一定的阅读材料，往往回答思考题比求解习题还困难。如果按照批判性思维的理念，将一个概念的正确和错误的表述都呈现出来，让读者排除干扰辨别是非，那么效果会更好。教师经常对学生讲要"吃透教材"，不过，学生不可能读一两本书就成为行家，教材只是帮助读者打稳基础。经过了批判性思维的锻炼，也就是先从 解读 入手，经过考证才下结论，因为直觉往往是错觉。

二、结果适宜和有趣性

结果对吗？它符合已有的知识吗？有进一步推广的可能吗？作为一名学生，当你好不容易解出了一道难题之后，费恩曼式追问突然在你脑海中浮现，你也许有点崩溃了，但却"不为观光客，而是探险者"了；作为一名教师，如果您能像费恩曼先生那样，给学生提出更加深入的问题，让他们有的放矢地思考，那么"批判与创新"型教育就应运而生了。

三、著名规律

对知识的灵活运用和拓展创新，前提是要正确地理解知识本身的内涵，当然不是费恩曼所鄙视的那种"循环解释"。物理学中有许多定律是以发现者姓氏来命名的，也有依照结果图形状或随参量变化关系来描述 (如 λ 相变、黑体辐射 T^4 律)。理解物理量之间的变化关系，并能绘声绘色地"谈古论今"，反映了一位理工科学生的"内存"和智慧。

四、重要常量

常量的使用是本科教学的薄弱环节，但它却是进行定性和半定量分析的基础。作为物理学专业的学生，牢记基本的物理常量 (常数) 的数值和单位，是基本功扎实的体现，这些必须有！评价一个物理问题不能偏离所探究对象的情境。

五、物理史话

了解重要科学历史事件和人物是培养学生科学素养不可或缺的题材。课堂讲授中应适时介绍推动本学科发展的里程碑式的工作，例如诺贝尔物理学奖和化学奖，还有一些佯谬和诘难被解决的思维方式。

六、运用逻辑思维

本章尝试将批判性思维能力的训练落实于科学问题之中，以大学物理课程中的力学和热学为例，设计了不拘泥于教材的 100 道"四选一"判断题，均不是偏题和怪题。大多不需繁琐的计算，而更侧重于逻辑思维的运用。训练题目分为如下四类。

(1) 智力趣题。比如 1 吨木材和 1 吨铁哪个较重？其含义是讨论"视重"和"实重"问题，虽然语境可能误导你，但是作为一名学习科学的理工科大学生，不要依赖脑筋急转弯，那是违背逻辑的。

(2) 考查知识面。看你对现象和事物观察得细致还是不细致，思考得深入还是不深入。比如，采取哪种姿势跳高更好？你当然看见运动员都是背跃式的，而不是跨跃式、俯卧式或空翻式等。其原因很简单，要看运动员以哪种姿势过横杆的重心最低。

(3) 必须经过物理定律与定理的检验，而不能靠直觉和日常经验来下结论。虽然你能很快地给出某些问题的答案，但也要言之有理。比如，一列行驶的列车应该加速将停留在路轨上的马车撞开，那是为了避免乘客受伤，道理由非完全弹性碰撞中的动量守恒定律提供了。

(4) 运用已有的知识储备再加上逻辑进行判断。有些问题比较专门，可能超出了你目前的知识范围，但是你不要放弃或者随便应付，最好通过逻辑推理而机智性地给出结果，或者把图像发挥到极致，进而让数学来接手。

科学网的一位作者撰写博文建议：考核基本概念的掌握情况宜用选择题、填空题，以减少学生的书写量而考核更多内容。题目应有较长的导语，引导学生选择正确的答案。考核基本技能的题目应提供足够的基础，避免因记忆差错而不能

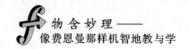

正确解答。有关综合分析题目应提供差额选做，以免偶一疏忽而影响成绩；若选做题目超过规定数，则将得分较高者计入总分。这是一个实现费恩曼先生所希望"另外一些人能够掌握中心内容，不至于憎恨这门课程"的现实可行的做法。

● 总之，本章将以问题及其解答的形式呈现给读者，一些内容已在笔者的编著[21]中讨论过，但此次增改了不少题目，特别是受《费恩曼物理学讲义 (第 1 卷)》的启发，编制了一些新的判断题，也算是为这本经典的教科书填补了一点点遗憾。最后向读者们提议：即使有些题目你做对了，也应想想你给出答案的理由是否恰当？而对于答错的问题，更要分析错误出在哪儿。

9.2 力学 50 题

9.2.1 能力测试

<u>以下四个选择中只有一个是正确的，请将正确的选项填在括号内</u>

1. 力学的奠基人伽利略早在 17 世纪就曾写道："在我们努力不让肩上的重物坠落时，就感觉到重量。但是假如我们和肩上的重物以同样的速度下降时，重物还怎么能压迫我们，使我们觉得不再沉重?"你认为伽利略所指的向下运动，应该是 (　)

(A) 匀速；(B) 加速；(C) 减速；(D) 变速。

2. 常听人在闲聊或开玩笑时提出来，1 吨木材和 1 吨铁哪个较重? 你认为是 (　)

(A) 木材较重；(B) 同等重；(C) 不能判断，要看地点；(D) 铁较重。

3. 两匹马各用 100 千克的力拉一个弹簧秤，秤指针的读数应是多少? (　)

(A) 0 千克；(B) 50 千克；(C) 100 千克；(D) 200 千克。

4. 取重力加速度 $g = 10$ 米/秒^2，以下为做出 1 万焦耳功的四种方式，其中不正确的是 (　)

(A) 在地球表面将 1 千克原来静止的物体匀速率提升到 1 米高度所做的功；

(B) 在地球表面以变力的方式，将 1 千克原来静止的物体提升到 1 米高度，该物体被提升后的速度为零，这样所做的功；

(C) 1 万牛顿的力作用在 2 千克的物体上，在平行力的方向上移动 1 米；

(D) 1 万牛顿的力在与方向相同的 1 米粗糙路程上所做的功。

5.　一列火车在铁路上疾驰。在这条铁路的一个路口，有一匹马拉着一辆载着重物的大车停在那里。要想使车内乘客避免受伤害，司机应该采取的措施是 (　　)

(A) 紧急刹车；(B) 降低速度；(C) 保持原速度；(D) 加快速度。

6.　在跳高比赛中，记录的高度当然是横杆的高度，而不是跳高选手的身体所能达到的高度。运动员在跳高过程中将质心上移到一定的高度，而身体并没有触碰到横杆。若从运动员身体质心位置与横杆高度的关系来看，则以下哪种姿势较好？(　　)

(A) 跨越式；(B) 俯卧式；(C) 背跃式；(D) 空翻式。

7.　一个质点沿一条直线作匀速率运动，以下不正确的描述是 (　　)

(A) 它的动量守恒；

(B) 它相对直线外一点的角动量守恒；

(C) 它对直线内某点的位置矢径是一个恒矢量；

(D) 其轨迹相对直线外一点的距离不变。

8.　物体在哪儿更重些？(　　)

(A) 升上高空；(B) 在地球表面；(C) 在地心处；(D) 沉入地面下某一位置处。

9.　飞机沿某水平面内的圆周匀速率飞行了一周。对这一运动，A、B、C 和 D 四人展开了如下的讨论，你认为谁的观点是正确的？(　　)

(A) 飞机既然作匀速率圆周运动，速度大小没变，则动量是守恒的；

(B) 因为向心力大小等于 mv^2/r，且始终指向圆心，所以向心力是一个恒定力；

(C) 飞行一周向心力的冲量等于零；

(D) 飞机相对于圆心的角动量不守恒。

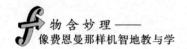

10. 用卡车运送变压器，变压器四周用绳子固定在车厢内。当卡车紧急制动时，前面或者后面的绳子可能被拉断。以下分别是以地面和卡车为参考系，解释绳索断开的结果和原因，其中正确的是（　　）

(A) 以地面为参考系（惯性系），变压器的加速度向后，后面的绳必有较大的张力才能使变压器有向后的加速度，所以后面的绳子容易被拉断；

(B) 以地面为参考系，变压器的加速度向后，为使变压器保持平衡，前面的绳必然受到较大的张力，所以前面的绳子容易被拉断；

(C) 以卡车为参考系（非惯性系），变压器的加速度朝前，而固定变压器的前面的绳子提供了它向前作加速运动的拉力，所以前面的绳子容易被拉断；

(D) 以卡车为参考系，变压器的加速度朝后，后面的绳子容易被拉断，这是因为惯性力向前，它的反作用力被加到后面的绳子上。

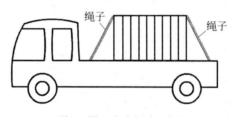

题 10 图　卡车运变压器

11. 尾部设有游泳池的轮船直线行驶，一人在游泳池的高台上朝船的尾部方向跳水，以下哪个判断是正确的？（　　）

(A) 如果船的速度过快，跳水人可能落入大海；

(B) 无论船的运动速度和加速度多大，跳水人都不会落入大海；

(C) 如果船的加速度过大，跳水人可能落入大海；

(D) 只要船的速度较慢，跳水人就不可能落入大海。

12. 以下是关于功是否与参考系有关的争论，你认为正确的是（　　）

(A) 力的功与参考系有关，一对作用力与反作用力所做功的代数和也与参考系有关；

(B) 力的功与参考系无关，一对作用力与反作用力所做功的代数和与参考系有关；

(C) 力的功与参考系有关，一对作用力与反作用力所做功的代数和与参考系无关；

(D) 力的功与参考系无关，一对作用力与反作用力所做功的代数和也与参考系无关。

13. 以下是关于动量和角动量的讨论，你认为正确的是 (　　)

(A) 虽然质点的角动量不为零，但作用于该质点上的力可能等于零；

(B) 质点系的动量为零，则质点系的角动量也为零；

(C) 质点系的角动量为零，则质点系的动量也为零；

(D) 质点作圆周运动必定受到力矩作用，而质点作直线运动必定不受到力矩作用。

14. 下列哪个系统的角动量不守恒？(　　)

(A) 冲击摆；

(B) 在空中翻筋斗的京剧演员；

(C) 荡秋千；

(D) 在水平面上匀速滚动的车轮。

15. 一个连续变换的对称性对应一条守恒律，但是以下有一种表述不正确，请将它挑出来 (　　)

(A) 空间平移不变性对应于动量守恒；

(B) 时间平移不变性对应于机械能守恒；

(C) 空间转动不变性对应于角动量守恒；

(D) 空间转动不变性对应于转动动能守恒。

16. 试分析以下四个过程，哪一个具有时间反演不变性？(　　)

(A) 跳伞运动员在空中匀速下降；

(B) 汽车在马路上匀速行驶；

(C) 空气阻力；

(D) 科里奥利力。

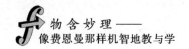

17. 在以下对地球上有季节现象的解释中，不正确的说法是（　　）

(A) 一年之中地球到太阳的距离变化不大，对气候没有多大影响；

(B) 地球的轨道是椭圆，是一年之中地球到太阳的距离在变化所导致的；

(C) 同一个地球，当北半球是夏天时，南半球却是冬天；

(D) 因为地球的自转轴与公转平面法线有夹角，使得不同地区接受阳光的倾角随地球在公转轨道上的位置而异。

18. 某流星中心距地面一个地球半径，其加速度 a 为（　　）

(A) $\frac{1}{2}g$；(B) $\frac{1}{4}g$；(C) g；(D) 不能确定。

19. 伽利略变换下等价性是指在不同的参考系中的力学规律等价，而不是所观测到的力学现象相同，请问以下哪条发生了变化?（　　）

(A) 机械功的表达式；(B) 动量定理；(C) 牛顿第二定律；(D) 动能定理。

20. 在以下关于功的性质的表述中，仅有一条是正确的，请挑出来（　　）

(A) 惯性力不做功；

(B) 一个力做的功与参考系选取无关；

(C) 一对内力的功之和在任何参考系下计算都相同；

(D) 各个力做功之和等于合力做的功。

21. 你认为以下关于势能的解释中，哪一条不正确？（　　）

(A) 势能是通过讨论一对内力做功而引进的；

(B) 当弹簧压缩时，弹性势能为负，而当弹簧伸长时，弹性势能为正；

(C) 对于单个质点而言，不存在势能的说法；

(D) 一般把引力势能取为负值，这是因为选取无穷远处为势能零点。

22. 在以下关于质点组功能原理的表述中，仅有一条是正确的，请挑出来（　　）

(A) 质点组所受外力做功等于系统机械能的增量；

(B) 质点组所受非保守外力做功与非保守内力功之和等于系统机械能的增量；

(C) 质点组所受外力与内部非保守力的合力做的功等于系统机械能的增量；

(D) 质点组所受外力做功与内部非保守力做功之和等于系统机械能的增量。

23. 质心系在处理有些问题时具有特殊的作用，以下是关于质心系特点的讨论，其中有一条是错误的，请挑出来 (　)

(A) 质心系下质点组的总动量始终为零；

(B) 质心系下质点组的总角动量始终为零；

(C) 无论质心系是否是惯性系，质心系下的质点组的功能原理中，不需要考虑惯性力的功；

(D) 在质心系下，如果以质心为参考点，惯性力对质心的力矩为零。

24. 用棒击球时，若击球点在打击中心附近，则手受到的作用力最小。如果将棒球杆简化为一个匀质细杆，其质量为 m、长为 L，那么最佳击球点距离手握杆一端的长度为 (　)

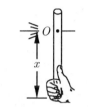

题 24 图　确定"打击中心"

(A) L；(B) $\dfrac{2}{3}L$；(C) $\dfrac{1}{2}L$；(D) $\dfrac{1}{3}L$。

25. 悬挂在圆周上一点的圆环，称为圆环摆。如果把它截去任意一段，那么剩余部分的振动周期 (　)

(A) 变小；　(B) 不变；　(C) 变大；

(D) 若截去部分小于半圆周，则周期变小；若截去部分大于半圆周，则周期变大。

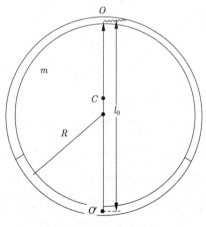

题 25 图　圆环摆[25]

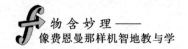

26. 下列运动中，哪个不是简谐振动？（ ）

(A) 完全弹性球在地面上不断地弹跳；

(B) 圆锥摆在某方向上的投影；

(C) 小球在半球形碗底附近来回滚动；

(D) 在一个竖直放置的横截面均匀的 U 形管内，由于小扰动使管内的液体发生上下运动。

27. 当波从一种介质传播到另一种介质时，下列哪个特征量不发生变化？（ ）

(A) 波长；(B) 波速；(C) 频率；(D) 平均能量密度。

28. 从下列色散关系看，哪个波有色散？（ ）

(A) 声波 $\omega = kc_s$；

(B) 浅水波 $\omega = k\sqrt{gh}$；

(C) 真空中的电磁波 $\omega = ck$；

(D) 等离子体中的电磁波 $\omega^2 = \omega_p^2 + c^2 k^2$。

29. 自激振动是由非周期力激励的，振动的振幅、波形和频率都由驱动力和受驱系统共同决定。以下的四种振动中，哪一个不属于自激振动？（ ）

(A) 心脏的跳动；

(B) 高速行驶时车辆的颤动；

(C) 自来水管突如其来的喘振；

(D) 孩子荡秋千。

30. 在地球和月球的连线上，什么地方引力势能最高？那里的引力为多少？以下对这两个问题的四个回答中，仅有一个是正确的，请挑出来（ ）

(A) 最大势能在连线的中点，物体在该处所受引力指向地球；

(B) 势能最大处靠近月球，物体在该处所受引力为零；

(C) 势能最大处靠近地球，物体在该处所受引力为零；

(D) 最大势能在两者连线的延长线上的无穷远处，物体在该处所受引力为零。

31. 月球外面没有大气层，最科学的解释是（　　）

(A) 大气分子因热运动而不断逃离；

(B) 大气分子受月球的引力小于分子所受浮力；

(C) 月球外面无大气压强；

(D) 大气分子由于受到惯性离心力而逃离。

32. 假设一颗行星在通过远日点时质量突然减为原来的一半，但速度不变。问它的轨道和周期有什么变化？（　　）

(A) 轨道和周期均没有变化；

(B) 轨道的半长轴为原来的两倍，周期为原来的 $2\sqrt{2}$ 倍；

(C) 轨道从原来的椭圆变为圆，而周期不变；

(D) 轨道的半长轴变短，周期也变短。

33. 一单摆挂在木板的小钉上，木板质量远大于单摆质量。木板平面在竖直平面内，并可以沿两竖直轨道无摩擦地自由下落。若使单摆摆动起来，当单摆离开平衡位置但未达到最高点时木板开始自由下落，则摆球相对于板（　　）。

(A) 静止；

(B) 仍作简谐振动；

(C) 作匀速率圆周运动；

(D) 作变速率圆周运动。

34. 在相对论中，质点的动能不能写作（　　）

(A) $E_{\mathrm{k}} = \dfrac{1}{2}mv^2$；

(B) $E_{\mathrm{k}} = \dfrac{p^2}{m + m_0}$；

(C) $E_{\mathrm{k}} = mc^2 - m_0 c^2$；

(D) $E_{\mathrm{k}} = m_0 c^2 \left(\dfrac{1}{\sqrt{1 - \beta^2}} - 1 \right)$。

其中，m_0 是粒子的静止质量，c 为光速，$\beta = v/c$。

35. 在狭义相对论中，设两个粒子的静止质量均为 m_0，速率为 $\frac{3}{5}c$。它们的动量大小相等方向相反，两者发生完全非弹性碰撞。以下是关于碰撞性质及两粒子结合成一体后的静止质量变化的描述，其中正确的是（ ）

(A) 静止质量不变；(B) 能量不守恒；(C) 静止质量变大；(D) 静止质量变小。

36. 家用微波炉能够加热食品，符合以下哪一个物理原理？（ ）

(A) 热传导；(B) 波的叠加；(C) 受迫振动；(D) 振动的合成。

37. 力学中的胡克定律有不同的形式，但没有用到它的是（ ）

(A) 单摆；(B) 弹簧振子；(C) 扭摆；(D) 切应变。

38. 以下列出了机械波需要的四个条件：弹性、惯性、动量传播和能量传播。有几个不对？（ ）

(A) 0；(B) 1；(C) 2；(D) 3。

39. "活力板"是一个有趣的装置，站在其上的人前后摆动或左右扭动使其单向运动，请问利用了什么力学原理？（ ）

(A) 改变板与地面之间的摩擦；

(B) 质心运动定理；

(C) 势能转化为动能；

(D) 周期性扰动。

40. 若将物体的平动与转动作一个对比，则以下表述正确的是（ ）

(A) 质量和转动惯量都不变；

(B) 动量与速度平行；

(C) 角动量与角速度平行；

(D) 角动量中只计及动量的切向部分。

41. 在物理学中经常使用类比方法，比如，可以将两端加上电压 V 的电感（L）、电容（C）和电阻（R）串联电路，与力学中的受迫阻尼谐振子系统相对比。后者是大家所熟知的，它满足的动力学方程为：$m\ddot{x} + m\gamma\dot{x} + kx = F$。如果你能根据电学的基尔霍夫定律写出一个电路方程，那么请问电感、电容和电阻分别扮

演什么角色？（　）

(A) 电阻等价于质量，电容等价于阻尼；

(B) 电感等价于劲度系数的倒数，电阻等价于阻尼；

(C) 电容等价于质量，电感等价于阻尼；

(D) 电容等价于劲度系数的倒数，电感等价于质量。

42. 假如高频声音比低频传播得快，那么尖锐的噪声将会发生在柔和的乐声之前。又假设蓝光跑得比红光快，那么当白光一闪，人们将会看到蓝光，最后是红光。事实是如此吗？（　）

(A) 事实并非如此，因为波的传播速度与振源频率无关；

(B) 事实如此，声音和光的高频部分比它们低频部分传播得快；

(C) 事实并非如此，因为波长与振源频率无关；

(D) 不能确定，这和接收者与声源或光源的距离有关。

43. 声波现象的物理内容包括了以下四个表述的三个内容，请问哪个环节出错了？（　）

(A) 气体的运动使密度发生变化；

(B) 密度上的变化对应着压强上的变化；

(C) 压强的不相等导致气体的运动；

(D) 气体的运动导致温度的变化。

44. 以下哪个现象满足叠加原理？（　）

(A) 可以相互穿过的两个脉冲；

(B) 两个波形不同的孤立波相碰撞，碰撞后仍保持为孤立波，各自继续传播；

(C) 剧烈爆炸产生的冲击波；

(D) 水面的波纹虽然能穿过小浪但不能穿过大浪。

45. 群速是频率 ω 对波数 k 的微商，而相速是 ω/k，以下关于两者讨论有一个不正确，请挑出来（　）

(A) 没有色散情况下，群速等于相速；

(B) 相速可以超光速；

(C) 群速可以超光速；

(D) 接受的信号是群速。

46. 在距离无限大物质薄片为 a 处有一个质点，请问该质点受到的引力与以下哪个量成正比？（　）

(A) a；(B) a^0；(C) a^{-1}；(D) a^{-2}。

47. 现有一个恒定角速度 ω 转动的圆盘，一人在离盘中心 r 的圆周上匀速走动，他除了受到重力、地面支撑力和摩擦力之外，还受到其他几个力的作用？（　）

(A) 0；(B) 1；(C) 2；(D) 3。

48. 为了使自己所受到的合力等于零，他应该（　）

(A) 沿着一个圆周走；

(B) 偏向圆心走；

(C) 向着圆心走直线；

(D) 逆着圆心走直线。

49. 牛顿定律适用于低速运动的物体，爱因斯坦对接近光速运动的物体的力学定律进行了修正。比较这两种力学规律，以下有一种说法是不正确的，请挑出来（　）

(A) 当一个恒力作用在一个物体上很长时间，牛顿力学认为，物体的速度将增加而超过光速；

(B) 在相对论力学中，物体不断获得的不是速度而是动量；

(C) 爱因斯坦认为当物体的速度接近光速，它的惯性是非常大的；

(D) 惯性是物体的固有特性，不应变化。

50. 在相对论中，" $\frac{1}{2} + \frac{1}{2}$ "可能等于多少？（　）

(A) 1；(B) $\frac{1}{2}$；(C) $\frac{4}{5}$；(D) $\frac{3}{4}$。

9.2.2　结果分析

第 1 题：答案是 (B)。设两者向下的加速度为 a，人肩膀对质量为 m 的重物的支撑力为 N，根据牛顿第二定律，有：$mg - N = ma$，$N = m(g - a)$。所以当 $a > 0$，则 $N < mg$。

第 2 题：答案是 (A)。阿基米德原理不仅适用于液体，也适用于气体。空气中的一切物体，能排出与自身体积相等的空气。无论木材还是铁，都会丧失本身重量的一部分。要计算一个物体的真正重量，就必须加上减轻的那部分重量。由此可知，木材的真正重量是 1 吨木材加上相当于木材体积的空气重量；铁的真正重量是 1 吨铁加上相当于铁体积的空气重量。

因为 1 吨木材的体积比 1 吨铁的体积大 (约 15 倍)，所以 1 吨木材的真正重量要比 1 吨铁的真正重量要重。更严格地说，在空气中有 1 吨重的木材的实际重量，比在空气中有 1 吨重量的铁的实际重量更大。

1 吨铁的体积为 1/8 立方米，1 吨木材的体积则为 2 立方米，1 吨木材所排出的空气重量约为 2.5 千克，这就是 1 吨木材比 1 吨铁还重的一部分。

第 3 题：答案是 (C)。也许有人会回答说：$100 + 100 = 200$ 千克或者 $100 - 100 = 0$ 千克。这两个答案都错了! 正确的应为：100 千克。

对于这个简单问题，我们亦可以用"逆向思维方法"，即假设仅有一匹马，结果会怎样? 另外一匹马起什么作用?

如果没有相反方向的马，另外的马就不会对弹簧秤产生任何作用，当然会拖着它跑，而弹簧秤上的指针指向零。其实，秤的读数是一匹马对另一匹马的拉力，一方的马也可以用一堵墙来代替。

第 4 题：答案是 (A)。(C) 和 (D) 之所以正确，因为 1 万焦耳功有一个方便且不会产生任何误解的定义：如果作用力与位移的方向相同，那么 1 万焦耳就是 1 万牛顿力在 1 米的路程上所做的功。可见这与物体的重量和路程的情况无

173

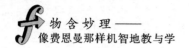
关，而仅指力而言的。(A) 和 (B) 的定义没有提及力的要素，这里假设使物体上升的拉力是 F，根据功能定理即合外力做功等于物体动能的增加，有

$$\int_0^h (F - mg)\mathrm{d}y = \frac{1}{2}mv^2 - \frac{1}{2}mv_0^2$$

式中 v_0 和 v 分别是物体的初末速度。那么拉力做功为 $\int_0^h F\mathrm{d}y = mgh + \frac{1}{2}mv^2 - \frac{1}{2}mv_0^2$，这里 mgh 等于 1 万焦耳。所以 1 万焦耳功应为：在地球表面将 1 千克原来静止的物体提升到 1 米高度所做的功，该物体被提升后的速度仍然是零。

第 5 题：答案是 (D)。这取自托尔斯泰的《初级读本》中的一个故事。

从力学角度来看，这是一个非完全弹性碰撞，可以使用恢复系数 e 解题。对于一定材料的两碰撞物体，碰撞后分开的相对速度与碰撞前的相对速度成正比，即

$$e = \frac{v_2 - v_1}{v_{10} - v_{20}}$$

式中，v_{10} 和 v_1 分别代表火车与马车相撞前与后的速度，v_{20} 和 v_2 分别代表马车被火车撞前与后的速度。一般情况下，$0 \leqslant e \leqslant 1$，所以上述碰撞介于完全弹性碰撞 $(e = 1)$ 和完全非弹性碰撞之间 $(e = 0)$。

按题意，马车被撞前速度为零 $(v_{20} = 0)$，又设火车和马车的质量分别是 m_1 和 m_2，根据动量守恒定律，有

$$m_1 v_{10} = m_1 v_1 + m_2 v_2$$

将以上两个方程联立，解出 v_1 和 v_2，

$$v_1 = \frac{1 - e\dfrac{m_2}{m_1}}{1 + \dfrac{m_2}{m_1}} v_{10}, \quad v_2 = \frac{1 + e}{1 + \dfrac{m_2}{m_1}} v_{10}$$

由于马车的质量 m_2 远小于火车的质量 m_1，那么 $v_1 \approx v_{10}$，即火车在碰撞之后仍然保持着原来的速度，乘客们感觉不到任何震动 (感觉不到速度的变化)。

那么马车会怎样呢？它被碰撞后的速度是 $v_2 \approx (1+e)v_{10}$，比火车的速度还大。火车在撞马车前的速度 v_{10} 越大，马车在瞬间得到的速度就越大。要想使火车避免事故，必须将马车撞开。如果碰撞的冲量不够大，马车就会停留在铁轨上，构成障碍。

火车司机加大火车速度的做法是正确的。多亏他的这个决断，火车才得以使自身不受到震动，而将马车从铁轨上撞开去。应该指出，托尔斯泰的这个故事是相对于他那个时代速度比较低的火车而言的。

第 6 题：答案是 (C)。判断哪种跳高姿势好的标准是运动员过横杆时的重心最低。运动员采取背跃式翻过横杆时，由于其身体向下弯曲，那么当他整体通过横杆时，而重心却是从横杆以下移动的。

第 7 题：答案是 (C)。

第 8 题：答案是 (B)。在地球表面引力最大。

地球对物体的引力，随着离开地面的距离增大而减小。相反，假设物体进入地球内部，按理说，越接近地心，引力就越大，也就是砝码的重量在地球深处应该比在地表面重。事实上，这种推测并不正确。因为物体越深入到地球内部，其重量非但不会增加，反而会减少。理由何在？

原因是物体一旦进入地球内部，地球对物体的引力就不单是作用在物体的一侧，而是作用于物体的各个方向。在地球深处的砝码，一方面受到下方地球的部分向下的引力而往下拉；另一方面，又受到砝码上方地球部分的引力而往上拉。这就是说，如果砝码位于地心与地表之间，假定对砝码的作用仅有万有引力，那么砝码越深入到地球内部，则重量就会越少；达到地心时，物体就会失去重量，即呈现无重量状态。所以，物体在地表时最重，离开地面无论是往上还是往下，重量都会减轻。

第 9 题：答案是 (C)。飞机的动量方向即它速度的方向，飞机在圆周运动中速度的方向一直在变化，所以它的动量不守恒。向心力作为一个矢量，它的

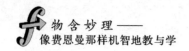

方向是否变化，不是依据它始终指向圆心，而是看它与某个方向的夹角是否变化，故向心力的大小不变但方向却在变化，就不是一个恒定力；根据角动量的定义 $\boldsymbol{L} = \boldsymbol{r} \times \boldsymbol{p}$，这里 $\boldsymbol{r}$ 是飞机以圆心为坐标原点的位置矢量，$\boldsymbol{p} = m\boldsymbol{v}$，飞机的位置矢量始终垂直于它的速度矢量，而这两个量的大小恒定，所以角动量大小 $L = rmv$ 不变，方向始终垂直飞机位置矢量和速度矢量所确定的平面，故飞机相对于圆心的角动量守恒。

第 **10** 题：答案是 (A)。卡车紧急制动的目的是使它的速度尽快降为零，所以卡车的加速度向后与它行驶的方向相反。设固定变压器前后绳子的张力分别是 T_1 和 T_2，若以地面为参考系，选向后为正方向，则按照牛顿第二定律，有 $T_2 - T_1 = ma > 0$，所以 $T_2 > T_1$，即后面的绳子易被拉断。(D) 的错误在于，以卡车为参考系，变压器就不再具有加速度。

第 **11** 题：答案是 (C)。这是因为若以船为参考系，则跳水人受到一个与船加速度反向的惯性力，又人离开船后不受使他随船一起运动的摩擦力或支撑力，那么他就有可能落入大海。

第 **12** 题：答案是 (C)。因为选择不同的参考系，物体的位移不同，所以力做功不同；不过，由于一对作用力做功仅与两个物体的相对位移有关，故两者做功之和与参考系无关。

第 **13** 题：答案是 (A)。这个问题启发我们：只要找到一个反例，就可否定一个表述；而一个表述被认为是正确的话，那它对任何情况都应成立。

第 **14** 题：答案是 (C)。

第 **15** 题：答案是 (D)。角动量守恒定律是以空间各向同性，或者说，空间的旋转对称性为基础的。

第 **16** 题：答案是 (D)，这是因为科里奥利力的表达式 $\boldsymbol{F} = 2m\boldsymbol{\omega} \times \boldsymbol{v}_{相对}$，当实施时间反演 $t \to -t$，$\boldsymbol{\omega} = \mathrm{d}\boldsymbol{\theta}/\mathrm{d}t \to -\boldsymbol{\omega}$，$\boldsymbol{v}_{相对} \to -\boldsymbol{v}_{相对}$，所以科里奥利力是关于时间反演不变的。

第 17 题：答案是 (D)。

第 18 题：答案是 (B)。选地球为参考系，设流星质量为 m_1，地球质量为 m_2，地球半径为 R，有

$$G\frac{m_1 m_2}{(2R)^2} = m_1 a$$

可求出 $a = Gm_2/(4R^2)$，在地球表面的重力加速度 $g = Gm_2/R^2$，所以流星的加速度 $a = g/4$。

第 19 题：答案是 (A)。

在经典力学中，两个惯性系之间时空坐标之间的变换关系称为伽利略变换。其包含的经典时空观的特点是：同时性、时间间隔和杆的长度等均与参考系的选取无关，是绝对的。但是，势能发生了变化，故机械能随之而改变。

第 20 题：答案是 (C)。这是由于质点间的相对位移是与参考系选择无关的。

(D) 也是不对的，因为在力的作用过程中，各质点的位移不同，所以必须先分别求出各力的功，再求和。

第 21 题：答案是 (B)。弹簧与物体组成的系统的弹性势能正比于弹簧长度减去自然长度的平方，故当将势能零点选在弹簧自然长度时，弹簧压缩和拉长情况下的弹性势能均为正。

第 22 题：答案是 (D)。

(A) 是不对的，因为系统机械能仅包含保守内力做功，而应将非保守内力做功连同外力做功当成系统机械能改变的原因。

(B) 从概念上讲，保守力与非保守是针对一对内力来说的，单独说一个力是保守力还是非保守力是没有意义的。

(C) 不能先求合力再计算功，而是应该先计算各个力做功，然后相加。

第 23 题：答案是 (B)。这是一个比较精致的力学问题，需要从各个量的定义出发，方可写出四个选项中待判断量的表达式。

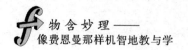

(A) 是正确的, 现给予证明: 在质心系下, 由动量的定义有

$$\boldsymbol{p}' = \sum m\boldsymbol{v}'_i = m\frac{\mathrm{d}}{\mathrm{d}t}\sum\left(\frac{m_i\boldsymbol{r}'_i}{m}\right) = m\frac{\mathrm{d}\boldsymbol{r}'_C}{\mathrm{d}t}$$

其中, $\boldsymbol{r}'_C$ 为质点组在质心系下的质心位置, 根据质心的定义可知 $\boldsymbol{r}'_C = 0$, 从而 $\boldsymbol{p}' = \boldsymbol{C}'$。

(C) 是正确的, 分两种情况证明。

(1) 如果质心系是一个惯性系, 那么 $\boldsymbol{F}_{惯} = 0$, 导致 $A_{惯} = 0$。

(2) 如果质心系是一个非惯性系, 那么第 i 个质点所受的惯性力 $\boldsymbol{F}_{i惯} = m_i(-\boldsymbol{a}_C)$, 其中 $\boldsymbol{a}_C$ 为质心系相对于惯性系的加速度。所有惯性力做功之和等于

$$A_{惯} = \sum_i \int \boldsymbol{F}_{i惯} \cdot \mathrm{d}\boldsymbol{r}'_i = \sum_i \int (-m_i\boldsymbol{a}_C) \cdot \mathrm{d}\boldsymbol{r}'_i$$

$$= \boldsymbol{a}_C \cdot \int \sum_i \left(-m_i\frac{\mathrm{d}\boldsymbol{r}'_i}{\mathrm{d}t}\right)\mathrm{d}t = -\boldsymbol{a}_C \cdot \int \left(\sum_i m_i\boldsymbol{v}_{iC}\right)\mathrm{d}t$$

由于在质心系下, 质点组的动量 $\boldsymbol{p}_C = \sum_i m_i\boldsymbol{v}_{iC} = 0$, 所以 $A_{惯} = 0$。注意这里脚标 "C" 表示相对于质心的量。

(D) 也是正确的。在非惯性系, 每个质点所受的惯性力方向与加速度方向相反, 那么质点组所受惯性力对质心的力矩为

$$\boldsymbol{M}_{惯} = \sum_i \boldsymbol{r}_{iC} \times (-m_i\boldsymbol{a}_C) = -m\left(\frac{\sum\limits_i m_i\boldsymbol{r}_{iC}}{m}\right) \times \boldsymbol{a}_C = 0$$

式中, $\boldsymbol{r}_{iC}$ 是第 i 个质点相对于质心的位置矢量。因为在质心系中, 质点组的质心选在坐标原点, 所以 $\sum\limits_i m_i\boldsymbol{r}_{iC} = 0$。

第 24 题: 答案是 (B)。

刚体在水平方向的力 f 的作用下, 绕手握点作定轴转动。设棒球击打点与定轴的距离为 x, 质心加速度为 a_C, 杆绕定轴的角加速度为 α。按照质心运动定

理和刚体转动定律，有

$$f + F_t = ma_C = m\frac{1}{2}L\alpha, \quad fx = \frac{1}{3}mL^2\alpha,$$
$$F_t = \left(\frac{3x}{2L} - 1\right)f, \quad F_t = 0 \Rightarrow x = \frac{2}{3}L$$

第 25 题：答案是 (B)。

这是一个复摆问题，对于质量为 m、半径为 R 的圆环，其绕定轴的周期振动周期公式为

$$T = 2\pi\sqrt{\frac{I}{mgr_C}} = 2\pi\sqrt{\frac{2mR^2}{mgR}} = 2\pi\sqrt{\frac{2R}{g}}$$

式中，I 为复摆绕定轴的转动惯量，r_C 是复摆质心到定轴的距离。

设圆环剩余部分的质量为 m'，它的质心距定轴的距离为 r_C，其绕质心的转动惯量为 I_C，剩余圆环绕定轴的转动惯量为 $I = I_C + m'r_C^2$。绕剩余圆环质心的转动惯量可以用平行轴定理计算，因为圆环上的每个质量元与完整圆环中心距离均为 R，所以 $I_C + m'(R - r_C)^2 = m'R^2$，从而

$$\frac{I}{m'r_C} = r_C + \frac{I_C}{m'r_C^2} = r_C + \frac{m'R^2 - m'(R - r_C)^2}{m'r_C} = 2R$$

故本题得证。注意对于这个问题，如果去求剩余部分的质心，以及按照转动惯量的定义来计算剩余圆环绕定轴的转动惯量，那将是麻烦的。

第 26 题：答案是 (A)。反复运动并不是简谐振动，后者要满足几个条件：①首先存在一个平衡位置；②物体所受到的合外力 (矩) 应该是线性回复力 (矩)，即力 (矩) 的大小与物体偏离平衡位置的距离或角度成正比，方向始终指向平衡位置；③变量 x 满足微分方程 $\ddot{x}(t) + \omega^2 x(t) = 0$。

第 27 题：答案是 (C)。波的频率 ν 与波源性质有关而与振动系统无关，波的传播速度 v 与介质有关，波长 $\lambda = v/\nu$ 和平均能量密度 $\bar{\varepsilon} = \frac{1}{2}\rho\omega^2 A^2$，两者均与媒介有关。

第 28 题：答案是 (D)。ω 与 k 不成正比的情况称为有色散，以此判断。

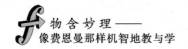

第 29 题：答案是 (D)。小孩子玩的秋千是一个受迫振动。每个人都知道怎样去推秋千使它有大的振动幅度，如果想让小孩子摆动得高一些，大人就要按秋千运动的步调来推。在每次摆动的同一点上加一个小的力，即把助推的频次调整到秋千的固有频率上。故秋千是一种摆，振幅变得越来越大，每推一次就向系统加了能量。然而，如果助推与摆不同步，推动力与运动方向相反，那么就会造成振幅减小。

第 30 题：答案是 (B)。

设地月之间的距离为 l，质量为 m 的物体在地月连线上距地 r 处的引力势能为

$$E_{\mathrm{p}} = -\frac{GmM_{地}}{r} - \frac{GmM_{月}}{l - r}$$

用求导法求以上的极值，有

$$\frac{\mathrm{d}E_{\mathrm{p}}}{\mathrm{d}r} = \frac{GmM_{地}}{r^2} - \frac{GmM_{月}}{(l-r)^2} = 0$$

$$M_{地}(l-r)^2 - M_{月}r^2 = 0, \quad r = \frac{M_{地}l}{M_{地} - M_{月}}\left(1 \pm \sqrt{M_{月}/M_{地}}\right)$$

月地的质量比 $M_{月}/M_{地} = 0.012$，代入上式，舍弃不合理的"+"号，得

$$r = \frac{l}{1 - 0.012}(1 - \sqrt{0.012}) = 0.90l$$

即离地球 $0.9l$ 处的引力势能最高，该处引力等于零。

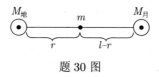

题 30 图

第 31 题：答案是 (A)。月球的质量较小，因此在月球上的逃逸速度较小，只有 2.4km/s(地球上的逃逸速度为 11.2km/s)，致使月球表面上的大气分子因热运动而不断逃离。

第 32 题：答案是 (A)。

行星在通过远日点时速度不变，质量突然减为原来的一半，与质量成正比的行星动能、势能和机械能也同样减半，根据本书 (4.1.8) 式可知，行星的椭圆轨道的半长轴 a 和焦距之半 c 均不变。又从开普勒第三定律知，周期 $T' = \sqrt{a'^3/K} = \sqrt{a^3/K} = T$ (开普勒常量 K 只与太阳质量有关，与行星的任何参量无关)，即周期也没有变化。

第 33 题：答案是 (C)。在木板参考系内，摆球受到一个竖直向上的惯性力，其与重力相抵消，以至于摆球仅受绳子的拉力，这个力提供了摆球作匀速率圆周运动的向心力。

第 34 题：答案是 (A)。在狭义相对论中，尽管粒子的质量为 $m = m_0/\sqrt{1 - v^2/c^2}$，但是粒子的动能也不能写作 $E_k = \frac{1}{2}mv^2$，而应由 $E_k = mc^2 - m_0 c^2$ 来计算。原因在于粒子的动能 E_k 等于总能 mc^2 减去静能 $m_0 c^2$。

第 35 题：答案是 (C)。两粒子碰撞过程动量守恒 $\boldsymbol{p}_1 + \boldsymbol{p}_2 = 0$，故它们碰撞后处于静止。用 E_1 和 E_2 表示各自的能量，根据能量守恒得知后来的能量为

$$E = E_1 + E_2 = \frac{2m_0 c^2}{\sqrt{1 - (3/5)^2}} = \frac{5}{2}m_0 c^2$$

最终结合体静止，用 m_0' 表示结合体的静质量，有 $m_0' = \frac{5}{2}m_0$。碰撞前两粒子的静能为 $2m_0 c^2$，碰撞后静能变为 $\frac{5}{2}m_0 c^2$，表明动能转化为静能。原来静止质量为 $2m_0$，碰撞后的静止质量为 $\frac{5}{2}m_0$，故碰撞后系统的静止质量增加了。

第 36 题：答案是 (C)。

第 37 题：答案是 (A)。这是因为单摆与形变无关。

第 38 题：答案是 (A)。

第 39 题：答案是 (D)。

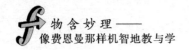

第 40 题：答案是 (B)。质量与转动惯量之间有一个引人注意的区别，在经典力学中，物体的质量是不变的，而它的转动惯量可以改变。

第 41 题：答案是 (D)。对于 R-L-C 串联电路而言，流经三个器件的瞬时电流是相等的。若令 $L\ddot{q} + R\dot{q} + \dfrac{q}{C} = V$，则电容具有储蓄能量的功能，电阻是一个耗能器件，产生焦耳热，由楞次定律知道电感阻碍产出磁通量，有惯性作用。另从以上方程中的各项系数所处的地位，也不难看出。

第 42 题：答案是 (A)。因为它们的传播速度仅与介质的性质有关，而与振源的频率无关，若与后者有关，则是色散效应。

第 43 题：答案是 (D)。在声波中，压强与温度进行着绝热变化，只要波长远大于平均自由程，热量从压缩区域往稀薄区域的流动是可以忽略的。在这种条件下，声波中的少量热流并不影响速度，虽然它吸收了一点声能。

第 44 题：答案是 (B)。叠加原理仅适用于线性方程、小振幅和独立性情况。

第 45 题：答案是 (C)。例如，X 射线的频率很高，其在玻璃中传播的折射率小于 1，那么 X 射线在玻璃中传播，它的相速度大于真空中的光速。但是，群速度却是信号发出的速度，即信号传播的速度并不依赖于折射率，而是取决于折射率随频率变化的情况，实际上，群速恒小于光速。

第 46 题：答案是 (B)。与距离无关。我们考虑两个极限情况：$a = 0$，(C) 和 (D) 的结果为无穷大，这个是不对的；$a \to \infty$，结果 (A) 为无穷大，亦不对。

第 47 题：答案是 (D)。惯性力尽管不是真实的力，但它是可感觉和可测量的。人无论如何都会受到一个惯性离心力的作用；在圆盘上走动，就会受到科里奥利力的作用；他若进行圆周运动，则又会产生一个向心力。

第 48 题：答案是 (A)。$\boldsymbol{F}_C = -2m\boldsymbol{\omega} \times \boldsymbol{v}_m$。
假如以切向速率 v_m 沿着以 r 为半径的圆周，顺着转盘转动的方向走动，那么他受到的合力包含以下三个部分：

$$F_r = \frac{v_m^2}{r} - 2mv_m\omega - m\omega^2 r$$

显然，静止不动不能达到题目的要求。

第 49 题：答案是 (D)。从牛顿第二定律出发，力是动量的时间变化率：$\boldsymbol{F} = \dfrac{\mathrm{d}(m\boldsymbol{v})}{\mathrm{d}t}$，动量仍然是 $m\boldsymbol{v}$。不过，在爱因斯坦相对论动力学中，要用运动质量 m 代替静止质量 m_0，则物体的动量定义为

$$\boldsymbol{p} = m\boldsymbol{v} = \frac{m_0\boldsymbol{v}}{\sqrt{1 - v^2/c^2}}$$

在这种修正下，如果作用与反作用仍然相等 (不一定指每个时刻，而就最终结果来说是相等的)，那么动量守恒仍像以前一样成立，但是守恒的量不是原来的具有不变质量的 $m_0\boldsymbol{v}$，而是以上的 $\boldsymbol{p}$，这里经过修正的质量与物体运动速度有关。所以，(D) 是错误的。

第 50 题：答案是 (C)。

假设宇航员在宇宙飞船内以光速的一半运动，而飞船本身也在以光速的一半飞行，因此 $v_x' = c/2$，$u = c/2$，于是

$$v_x = \frac{u + v_x'}{1 + uv_x'/c^2} = \frac{\dfrac{1}{2}c + \dfrac{1}{2}c}{1 + \dfrac{1}{4}} = \frac{4}{5}c$$

极限的情况下，甚至 "$1 + 1 = 1$"。宇宙飞船的那个航天员在观察光，也就是说 $v_x' = c$，而飞船是以光速 $u = c$ 在运动，那地面上的人来看将会怎样？答案是

$$v_x = \frac{c + c}{1 + c^2/c^2} = c$$

这正是爱因斯坦狭义相对论首先打算要做到的，即光速不变且最大。

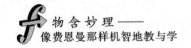

9.3　热学 50 题

9.3.1　能力测试

<u>以下四个选择中只有一个是正确的，请将正确的选项填在括号内</u>

1. "热"在热物理学中有两个意思，其一是温度升高的现象；其二是热量的简称。以下有一条不正确的说法，请挑出来（　）

(A) 功变热；

(B) 物体内部大量分子无规则运动越剧烈，物体也越热；

(C) 一定热量的产生或消失，总伴随着其他形式的能量；

(D) 温度较高的物体，意味着它具有较高的热量。

2. 热力学第零定律简述为"和第三个物体分别处于热平衡的两个物体，它们之间也互为热平衡"。该定律亦是测量温度的理论依据，违背了它，便测不准温度。以下四个表述中有一个是正确的，请挑出来（　）

(A) 两个喜欢同一个女生的男生，也会互相喜欢；

(B) 水和酒精可以互溶，汽油和酒精也可以互溶，则水和汽油也互溶；

(C) 热力学第零定律没有被人们认真予以接受，其原因是人们把物质系统的热平衡看作热力学其他三个定律的前提条件；

(D) 无论被测物体的质量多大，用温度计总是可以精确测出待测物体的温度。

3. 可以测量任意高温度的温度计是（　）

(A) 光测温度计；(B) 蒸气压温度计；(C) 磁温度计；(D) 气体温度计。

4. 在系统和环境都没有任何变化的情况下，可以使系统从终态恢复到始态的过程，称为可逆过程。判断以下四个过程中，哪一个更接近于可逆过程？（　）

(A) 房间内一杯水蒸发为气体；

(B) 在等温等压下，混合 N_2 和 O_2；

(C) 恒温下将水倒入大量的溶液中，但溶液浓度未变；

(D) 水在冰点时变成同温、同压的冰。

5. 夏天，在用绝热材料制成的房间内，门窗紧闭，室内放置一台冰箱，并接好电源。如果选择不同的组合作为系统，那么以下对热量、做功和系统内能变化情况描述不正确的是 (　　)

(A) 选择冰箱和电源为体系，则体系与外界仅有热量交换；

(B) 选择冰箱和房间为体系，则体系与外界相互作用仅有功；

(C) 选择房间为体系，则体系与外界有热量交换和功相互作用；

(D) 选择冰箱、电源和房间为体系，则体系无热量和功发生。

6. 给一个系统加热的效果并不能用升高其温度来概括，以下四个表述中有一个是不正确的，它是 (　　)

(A) 等压加热系统，使其自由能增加；

(B) 等温加热未加剧系统内部分子的热运动，因为系统吸收的热量都对外做功了；

(C) 等容加热增加了系统的内能；

(D) 等压且等温加热系统，可能发生相变。

7. 水在摄氏 0 到 4 度之间具有特殊行为，你认为以下哪个关系式可以描写它？(　　)

(A) $\left(\dfrac{\partial U}{\partial V}\right)_T = 0$;　(B) $\left(\dfrac{\partial S}{\partial V}\right)_p < 0$;　(C) $\left(\dfrac{\partial T}{\partial S}\right)_p = 0$;　(D) $\left(\dfrac{\partial S}{\partial V}\right)_T = 0$。

8. 在相同温度和压强下，用氢气和氧气从四种不同的途径生产水，即 ①氢气在氧气中燃烧；②爆鸣；③氢氧热爆炸；④氢氧燃料电池。请问这四种反应的热量、内能和焓的值是否相同？(　　)

(A) 三个量均相同；

(B) 三个量均不一样；

(C) 热量不同，而内能和焓相同；

(D) 内能相同，热量和焓不一样。

9. 在以下的四个过程中，仅有一个系统的焓不变，它是 (　　)

(A) 范德瓦尔斯气体等温自由膨胀；

(B) 理想气体的焦耳–汤姆孙实验；

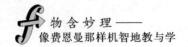

(C) 常温常压下，水结成冰；

(D) 氢气和氧气在绝热钢瓶中爆鸣生成水。

10. 关于焓 $H = U + pV$、自由能 $F = U - TS$ 和吉布斯函数 $G = U - TS + pV$，以下的四个叙述中有一个是不恰当的，请挑出（　　）

(A) 具有能量单位，同样遵守能量守恒定律；

(B) 三个实际上不存在，是热力学函数的特定数学组合；

(C) 对封闭系统处于热力学平衡时，定义式均可使用，没有额外的限制；

(D) 用它们的始末态的差来计算一些可逆等值过程的热量或功。

11. 以下关于热力学过程的叙述，正确的是（　　）

(A) 如果系统既可以沿正方向进行，也能沿逆方向进行，那么其所经历的过程就是一个可逆过程；

(B) 系统进行一不可逆过程必然导致熵的增加；

(C) 工作于两个相同热源之间的一切热机，以可逆卡诺热机的效率为最大；

(D) 在液气二相共存和转变的过程中，如果等温压缩系统，则压强随之变大。

12. 以下关于不可逆过程本身及性质的叙述，有一条不正确，它是（　　）

(A) 气体向真空膨胀；

(B) 热量从高温物体传入低温物体；

(C) 浓度不等的溶液混合均匀；

(D) 系统做功的绝对值最大。

13. 热力学第二定律有许多等价的表述，以下有一条并不妥当，请挑出（　　）

(A) 任何体系，若是不受外界影响，体系总是单向地趋于平衡状态；

(B) 一切涉及热现象的宏观过程都是不可逆的；

(C) 第二类永动机是不可能制造成功的；

(D) 从单一热源吸收的热量全部转变为功是不可能的。

14. 绝热自由膨胀不是一个（　　）

(A) 等内能过程；

(B) 熵增加过程；

(C) 可逆过程；

(D) 确定理想气体的内能仅是温度的函数的实验。

15. 关于焦耳-汤姆孙多孔塞节流实验不正确的表述是 ( )

(A) 理想气体经节流后内能不变；

(B) 等焓过程；

(C) 任何气体经过节流后的温度不会升高；

(D) 节流后气体的压强小于节流前的。

16. 以下对熵性质作了总结，其中不正确的说法是 ( )

(A) 生命赖负熵为生；

(B) 系统内部的不可逆变化所引起的熵增加，称为熵产生；

(C) 孤立系统熵增加，自发地由非平衡态趋向平衡态；

(D) 如系统从平衡态 A 经一个不可逆过程到达平衡态 B，若改用其他过程来计算熵差 $S_B - S_A$，就不能正确反映 A 和 B 两态的熵变。

17. 关于热力学第三定律，以下与之无关或不正确的表述是 ( )

(A) 该定律在经典意义上亦成立；

(B) 绝对零度不可能达到；

(C) 随着温度趋于零，$\Delta H - \Delta S$ 快于线性地趋近零；

(D) 存在绝对熵。

18. 一理想气体起初被限制在体积为 V 的绝热容器的 $\frac{1}{2}V$ 体积内，容器的剩余部分是真空。当隔板抽掉后，气体膨胀而充满整个容器。如果气体的初始温度为 T，则它最终的温度为 ( )

(A) 0.5T；(B) T；(C) 2T；(D) 不能确定。

19. 由双原子分子组成的理想气体 $\left(\text{定容热容量为 } \frac{5}{2}\nu R\right)$，其在等温膨胀两倍体积的情况下，系统对外做功与从外界吸收的热量之比 $\frac{A}{Q}$ 为 ( )

(A) 1；(B) $\frac{1}{2}$；(C) $\frac{2}{5}$；(D) $\frac{2}{7}$。

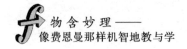

20. 若 19 题的过程改为等压膨胀,则结果为 ( )

(A) 1;(B) $\frac{1}{2}$;(C) $\frac{2}{5}$;(D) $\frac{2}{7}$。

21. 若 1 mol 理想气体经历了体积从 V 到 $2V$ 的绝热自由膨胀过程,则 ( )

(A) 系统熵变为 0,整个体系熵变为 $-R\ln 2$;

(B) 系统熵变为 0,整个体系熵变为 0;

(C) 系统熵变为 $R\ln 2$,整个体系熵变为 $R\ln 2$;

(D) 系统熵变为 $R\ln 2$,整个体系熵变为 0。

22. 某实际气体经历绝热自由膨胀过程,其温度和内能的变化为 ( )

(A) $\Delta U = 0$,$\Delta T = 0$;

(B) $\Delta U = 0$,$\Delta T < 0$;

(C) $\Delta U = 0$,$\Delta T > 0$;

(D) $\Delta U > 0$,$\Delta T < 0$。

23. 理想气体经历了下列过程,其体积膨胀了三倍,其中有一个过程的熵变与其他三个不同,它是 ( )

(A) 绝热自由膨胀;

(B) 可逆等温膨胀;

(C) 可逆绝热膨胀;

(D) 绝热节流膨胀。

24. 一个可逆卡诺热机,其工作物质为 1 mol 单原子分子理想气体。已知循环过程中等温膨胀开始时的温度为 $4T_0$、体积为 V_0;等温压缩开始时的温度为 T_0、体积为 $4V_0$,该循环过程的效率为 η_1、对外做功为 A_1。现设同样的热机,但以 1 mol 双原子分子理想气体为工作物质,循环过程与前相同,此时热机效率为 η_2、对外做功为 A_2。它们之间的关系是 ( )

(A) $\eta_1 = \eta_2$,$A_1 = A_2$;

(B) $\eta_1 = \eta_2$,$A_1 > A_2$;

(C) $\eta_1 < \eta_2$,$A_1 < A_2$;

(D) $\eta_1 = \eta_2$,$A_1 < A_2$。

25. 关于定压膨胀系数 α、定容压强系数 β 和等温压缩系数 κ，不正确的表述是 (　　)

(A) 理想气体的 $\alpha = \beta$；

(B) 理想气体的定压膨胀系数反比于温度；

(C) 对任何实际气体而言，有 $\alpha = \kappa\beta p$；

(D) κ 用在膨胀过程比较方便，而 β 用在冷却降压过程比较方便。

26. 以下关于物质热容量的正确表述是 (　　)

(A) 热容量不可以为负值；

(B) 定容热容量与体积无关；

(C) 实验上定压热容量比定容热容量易于测量；

(D) 根据迈耶方程知道，定压热容量一定大于定容热容量。

27. 以下理想气体的哪一个量仅是温度的函数？(　　)

(A) S；(B) F；(C) G；(D) H。

28. 用以下哪个判据可以确定系统到达了平衡态？(　　)

(A) 熵极大或自由能极大或焓极大；

(B) 熵极大或自由能极小或焓极小；

(C) 熵极大或自由能极小或焓极大；

(D) 熵极小或自由能极小或焓极小。

29. 若选 S 和 V 为两个独立变量，则特性函数是 (　　)

(A) U；(B) F；(C) H；(D) G。

30. 根据热力学第二定律，可以断定以下成立的表述是 (　　)

(A) 自然界的一切自发过程都是不可逆的；

(B) 不可逆过程就是不能向相反过程进行的过程；

(C) 热量可以从高温物体传到低温物体，但不能从低温物体传到高温物体；

(D) 任何过程总是沿着熵增加的方向进行。

31. 在关于信息量和信息熵的讨论中，以下有一条是错误的，它是 (　　)

(A) 信息量越大，就越有利于作出判断；

(B) 信息量越大表示可供选择的可能性越多，因而作出准确的判断就恰恰是越难的；

(C) 若信息熵越大，则信息的不确定度越大；

(D) 信息熵的减少意味着信息源提供的有效信息增加了。

32. 已知空腔辐射压强 p、能量密度 u 和温度之间存在着关系：$p = \dfrac{1}{n}u, u = aT^4$，其中 a 为一常量。试根据熵是一个态函数存在恰当微分的条件，确定 n 的值等于（　）

(A) $n=1$；(B) $n=2$；(C) $n=3$；(D) $n=4$。

33. 对于一个热力学过程而言，以下不能运用的判据是（　）

(A) 在定常能量和体积下，熵趋于增加；

(B) 熵判据仅适用于孤立系统；

(C) 在定常温度和体积下，自由能趋于降低；

(D) 在定常压强和体积下，吉布斯函数趋于降低。

34. 对磁制冷效应的不正确理解是（　）

(A) 系统是一个顺磁物体；

(B) 可以产生 10^{-2} K 的低温；

(C) 绝热去磁；

(D) 如果外磁场增加，则系统的熵增加。

35. 如果在 $p\text{-}V$ 图上画出一条等温线，那么它的斜率不被允许的情况是（　）

(A) 水平；(B) 负无穷大；(C) 正的；(D) 绝对值小于绝热线的。

36. 关于气液相变的临界点的不正确说法是（　）

(A) 临界点是汽化线终点；

(B) 在临界点的汽化热为零；

(C) 在临界点液相向气相转换仍需要外界输送潜热；

(D) $p\text{-}V$ 图中等温线的拐点。

37. 如果在某一温度区间，范德瓦耳斯气体的定容热容量仅与温度有关，那么它的何量与体积无关？（　）

(A) 自由能；(B) 定容热容量；(C) 熵；(D) 内能。

38. 若理想气体经历等温压缩后，则对以下热力学函数增量的正确判断是 (　)

(A) $\Delta U = 0$, $\Delta S < 0$, $\Delta F > 0$；

(B) $\Delta U = 0$, $\Delta S > 0$, $\Delta F > 0$；

(C) $\Delta U = 0$, $\Delta S < 0$, $\Delta F < 0$；

(D) $\Delta U = 0$, $\Delta S = 0$, $\Delta F = 0$。

39. 吉布斯定律定出了多元复相系的强度量个数，即 $f = 2 + k - \phi$。以下关于该定律的运用或类比中有一个是错误的，请挑出来 (　)

(A) 水在三相点的 $f = 0$；

(B) 正常磁介质系统的 $f = 2$；

(C) 实验室能够生成二元 5 相系；

(D) 多面体的面数 $=2+$ 边数 $-$ 顶点数。

40. 费恩曼曾用内能公式来解释蓄电池的工作原理，即以流过电池的电荷 Z 代替 V，用 E 代替 p，有

$$\frac{\Delta U}{\Delta Z} = T \left(\frac{\partial E}{\partial T} \right)_Z - E$$

请问以下哪一种说法是错误的？(　)

(A) 右边第一项的意义是，当电池不工作时，它的电压随温度的变化；

(B) 右边第二项代表电池在外电路上对单位电荷所做的功；

(C) $\Delta U / \Delta Z$ 其实就是电池的电压；

(D) 右边第一项亦表示电池会发热。

41. 以下与二级相变不相关的现象和方程是 (　)

(A) 厄伦菲斯特方程；

(B) 连续相变；

(C) 对称性破缺；

(D) 原始的克拉珀龙方程。

42. 以下是对化学势性质的总结，其中有一条是错误的，请指出 (　)

(A) 向系统增加一个粒子所需的能量；

(B) 化学平衡的标志；

(C) 一个单位的吉布斯函数；

(D) 其是一个广延量，且是温度和压强的函数。

43. 以下是天气预报员说明天下雨的四种概率，请问哪一个预报的准确度较高？（ ）

(A) 10%；(B) 50%；(C) 60%；(D) 80%。

44. $\Delta S \geqslant 0$ 被誉为史上最伟大的十个方程之一，请问以下哪位科学家在平衡态热力学中提出了类似的不等式？（ ）

(A) 开尔文；(B) 克劳修斯；(C) 卡诺；(D) 焦耳。

45. 玻尔兹曼被誉为物理学界的贝多芬，以下的重大成就中有一个与他无关，请指出（ ）

(A) 能量均分定律；

(B) 最大功原理；

(C) 将热力学应用于热辐射，导出辐射定律；

(D) 发展了分子运动论学说。

46. 热力学过程存在"时间之箭"的原因是（ ）

(A) 微观粒子的运动不再遵守牛顿定律；

(B) 全同粒子不可分辨性；

(C) 熵增加原理；

(D) 引入了概率性假设。

47. 相比较而言，你认为以下哪一个是经典热力学与统计物理最为成功的例子（ ）

(A) 由能量均分定理可以测量体系的自由度；

(B) 双原子分子的热容量的计算；

(C) 存在绝对熵；

(D) 相变。

48. 驱赶麦克斯韦妖的办法是 (　)

(A) 引入吉布斯修正因子；

(B) 小精灵带进了负熵；

(C) 温度低的系统的能级应是分离的；

(D) 近独立近似不适用于实际气体。

49. "熵"一词的原意是 (　)

(A) 无序的量度；(B) 热量与温度之比；(C) 转变；(D) 不确定度。

50. 以下哪个关于热力学与统计物理的研究，获得的不是诺贝尔物理学奖，而是诺贝尔化学奖?(　)

(A) 1910 年范德瓦耳斯关于气体和液体的状态方程；

(B) 1926 年佩兰关于阿伏伽德罗常量的测量；

(C) 1920 年能斯特建立了热力学第三定律；

(D) 2001 年康奈尔 (E. A. Cornell)、威曼 (C. E. Wieman) 和克特勒 (W. Ketterle) 三人观察到玻色−爱因斯坦凝聚现象。

9.3.2　结果分析

第 1 题：答案是 (D)。热量是一个过程量而不是一个状态量，可以讲在某一个过程中，两个物体间交换了多少热量，但不能说一个物体在某一状态具有多少热量。

(A) 做功可以转换成热量吸收或散发，是一个不可逆过程，即从单一热源吸取热量全部转化为功而无其他影响是不可能的；

(B) 这里的"热"是温度升高的意思；

(C) 它的含义反映了能量守恒与转化的热力学第一定律。

第 2 题：答案是 (C)。至今仍沿用热力学具有三个基本定律的说法。

(A) 和 (B) 是错误的，因为一般来说，像热力学第零定律这种逻辑关系并不适用于其他情况。

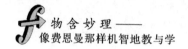
(D) 如果被测物体的质量与温度计的质量可以比拟，那么就不能忽视被测量物体本身对温度的影响，而是需要通过热平衡计算被测物体的温度。下面详细讨论这一问题。

设有 A 和 B 两个物体，二者起初的温度分别为 T_A 和 T_B，如果 $T_A > T_B$，那么二者接触后就有热量由 A 流向 B，A 的温度就会降低，而 B 的温度就会升高，最后达到平衡温度 T。达到新的热平衡过程中，若设 A 和 B 之间的热交换量为 Q，则 A 流向 B 的热量为 $Q = m_A c_A (T_A - T)$，B 由 A 获得的热量为 $Q = m_B c_B (T - T_B)$。式中，m_A 和 m_B 分别为物体 A 和 B 的质量，c_A 和 c_B 分别为它们的比热，T 为热平衡后物体的温度，有

$$T = \frac{m_A c_A T_A + m_B c_B T_B}{m_A c_A + m_B c_B}$$

由此可知，当 $m_A \gg m_B$ 时，$T = T_A$。

第 3 题：答案是 (A)。当温度高于金点，光测高温计是唯一的测温方法。原理为测量高温物体所辐射的能量，辐射通量密度与温度的关系，即斯特藩–玻尔兹曼公式：$R = \sigma T^4$。

(B) 蒸气压温度计是一个测量低温的仪器。其原理是：一个化学纯的物质的饱和蒸气压与它的沸点有一定的关系。

(C) 磁温度计是测量 1 K 以下的温度计，其原理是利用顺磁体的磁化率与温度的关系，也就是居里定律：$\chi = CT^{-1}$。

(D) 气体温度计毕竟依赖于气体的共性，对极低的温度 (气体的液化点以下) 和高温 (1000 ℃是上限) 就不再适用。

第 4 题：答案是 (D)。

(A) 和 (C) 是自发过程，凡是自然界中的自发过程都是不可逆的，所以这两个过程是不可逆的。

(B) 凡是由功转化为热的过程也是不可逆的，将 N_2 和 O_2 混合，需要外界做功，两者发生化学反应生成 NO_2，但无法不借助外界或留给外界不可磨灭的

影响，再使 NO_2 分解还原成 N_2 和 O_2。

第 5 题：答案是 (C)。热量是系统与外界之间温度不同而传递的能量，系统内部因温差而交换的能量不能算热量；功分为体积功和非体积功，电功属于非体积功。如果系统的内能发生了变化，那么系统与外界的相互作用非热即功。在三者之中，没有被选为体系的对象就是外界。

第 6 题：答案是 (A)。按照热力学第一定律 $đQ = dU + pdV$，对于固定的压强，得到 $đQ = d(U + pV) = dH$，这里 $H = U + pV$ 是系统焓的定义式。所以，等压加热系统，其焓增加。

第 7 题：答案是 (B)。这个偏导数可以转换为

$$\left(\frac{\partial S}{\partial V}\right)_p = \frac{\left(\frac{\partial S}{\partial T}\right)_p}{\left(\frac{\partial V}{\partial T}\right)_p} = \frac{\frac{1}{V}T\left(\frac{\partial S}{\partial T}\right)_p}{T\frac{1}{V}\left(\frac{\partial V}{\partial T}\right)_p} = \frac{C_p}{TV\alpha} < 0$$

由于温度、体积和定压热容量均为正，以上不等式意味着定压膨胀系统为负，具有这一性质的系统就是摄氏 0 到 4 度之间的水。

(A) 代表了理想气体的一种特性；

(C) 将等式右边的量作如下等价变换：

$$\left(\frac{\partial T}{\partial S}\right)_p = \frac{1}{\left(\frac{\partial S}{\partial T}\right)_p} = \frac{T}{T\left(\frac{\partial S}{\partial T}\right)_p} = \frac{T}{C_p} = 0 \ \Rightarrow \ C_p \to \infty$$

此即刻画了二相共存的情况，即 $\Delta S \neq 0$ 而 $\Delta T = 0$。

(D) 利用麦克斯韦关系，有

$$\left(\frac{\partial S}{\partial V}\right)_T = \left(\frac{\partial p}{\partial T}\right)_V = 0 \ \Rightarrow \ \beta = \frac{1}{p}\left(\frac{\partial p}{\partial T}\right)_V = 0$$

即定容压力系数等于零的系统。

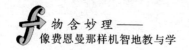
第 8 题：答案是 (C)。因为内能和焓是状态函数，所以只要始末态相同，无论通过什么途径，其变化值一定相同；而热量是一个过程量，尽管始末态相同但不同的途径的热量产生或吸收是不一样的。

第 9 题：答案是 (B)。焦耳-汤姆孙实验是一个等焓过程。

(A) 范德瓦尔斯气体是一种实际气体，它的内能不仅与温度有关，也依赖于体积，因此焓变化。

(C) 这是一个从液态变化到固态的相变，系统向外界释放潜热且比容减少，所以它的焓变化。

(D) 按照标准的参考表，在室温和标准大气压下，燃烧 1 mol 的氢气所释放的热量就是这个反应的焓变，即 $\Delta H = 286\ \text{kJ}$。

第 10 题：答案是 (A)。

(B) 表述的意思是：这三个宏观量并没有对应的微观起源，而是为了研究某些等值过程方便，例如用它们可以计算出可逆过程的功和热量，判断不可逆过程的允许进行方向。所谓特定的组合是指选定两个变量为因变量，对于单元单相系，热力学自由度 (即可以独立变化的强度量) 为 2，而热力学函数例如 H、F 和 G 均是两个变量的函数，有 $H = H(S, p)$、$F = F(T, V)$ 和 $G = G(T, p)$。

(C) 这三个量均是态函数，而只要系统处于热力学平衡态，即它的温度、压强和化学势均有唯一确定的量值，就可以定义在该态的热力学函数。

(D) 由这三个热力学函数的变化 $\mathrm{d}H = T\mathrm{d}S + V\mathrm{d}p$、$\mathrm{d}F = -S\mathrm{d}T - p\mathrm{d}V$ 和 $\mathrm{d}G = -S\mathrm{d}T + V\mathrm{d}p$ 就可以看出：在等压 ($\mathrm{d}p = 0$) 情况下，$Q_p = (T\mathrm{d}S)_p = \mathrm{d}H$，吸热使系统的焓增加；在等温 ($\mathrm{d}T = 0$) 情况下，$p\mathrm{d}V = -\mathrm{d}F$，系统对外做功使其自由能减小；而在等温等压条件下，$\mathrm{d}G = 0$，系统吉布斯函数达到极小。故定义的这三个量在一定的限制条件下，才能发挥作用。

第 11 题：答案是 (C)。卡诺定理。

(A) 对一个可逆过程而言，系统仅具备这样的特征还不够，还要求外界也同时具有这种性质。

(B) 熵增加原理是对孤立系统而言的。

(D) 在二相共存状态下，不同的温度对应于不同的饱和蒸汽压，后者不随系统的比容减少而变化。

第 12 题：答案是 (D)。可逆过程的变化是一个无限缓慢的准静态且无耗散的过程，系统与外界之间相对运动可忽略，也就无摩擦了。所以，若系统可利用的能量一定时，则系统经历一个可逆过程，对外做有用的功为最大。其实，这就是自由能表述的最大功原理。

(A)、(B) 和 (C) 均为不可逆过程。在没有外界影响下，任何自发变化的逆过程是不能自动进行的。当然，借助于外界的系统可以恢复原状，但会给外界留下不可磨灭的影响。这不符合可逆过程的本义。

第 13 题：答案是 (D)。缺少了无其他影响的条件。其他三条是热力学第二定律的等价表述。

第 14 题：答案是 (C)。其中说到绝热过程是一个可逆过程，这当然错了。

(A) 过程首先是绝热的，又因为是自由膨胀过程，系统不受压强作用，所以体积功等于零。按照热力学第一定律知，无热量和功的系统，其内能是不变的，即等内能。

(B) 题设自由情况即压强 $p = 0$，该封闭系统又与外界绝热，所以是一个孤立系统。系统体积发生膨胀系内部自发过程引起的，将有熵产生。按照孤立系统熵增加原理，我们设计一个等温过程将系统的初态 (体积为 V_1) 和末态 (体积为 V_2) 联系起来，从而计算熵差，有

$$\Delta S = \int_{V_1}^{V_2} \frac{\nu R T}{V T} \mathrm{d}V = \nu R \ln \left(\frac{V_2}{V_1} \right)$$

(D) 历史上，盖吕萨克–焦耳实验就是理想气体 (当时用的是空气) 绝热向真空自由膨胀，验证了 $(\partial U / \partial V)_T = 0$，进而得出结论：理想气体的内能仅与温度有关。

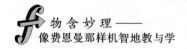
第 15 题：答案是 (C)。该实验能够降低实际气体的温度，要求节流前的压强大于节流后的，这样气体便可以通过多孔塞；若实验测得焦耳-汤姆孙系数：

$$\mu = \left(\frac{\partial T}{\partial p}\right)_H > 0$$

则表明被节流气体的温度降低了。

(A) 焓的定义为 $H = U + pV$，因为理想气体的内能仅与温度有关，又根据理想气体物态方程知 $pV = \nu RT$，所以理想气体的等焓过程意味着内能亦不变。

(B) 任何气体节流前和节流后的焓不变。

(C) 不一定，对于小的压强差 $\Delta p = p_f - p_i$，可以证明节流后与节流前的温差为

$$\Delta T = \frac{V}{C_p}(T\alpha - 1)\Delta p$$

式中，α 是定压膨胀系数。如果 $T\alpha < 1$，又由于 $\Delta p < 0$，那么就有 $\Delta T > 0$ 的结果。

第 16 题：答案是 (D)。因为熵是态函数，所以两态的熵差与过程无关。

(A) 这个论点是薛定谔在 1943 年发表的《生命是什么?》的小册中，探讨物理学规律在生命科学中的作用时提出的。他从熵变的观点分析了生命有机体的生长与死亡，指出"生命赖负熵为生"，他写道：一个生命有机体，在不断地增加它的熵 —— 你或者可以说是在增加正熵 —— 并趋于接近最大值的熵的危险状态，那就是死亡。要摆脱死亡，就是要活着，唯一的办法就是从环境里不断地汲取负熵，我们马上就会明白负熵是十分积极的东西，有机体就是赖负熵为生的。

(B) 对于任何不可逆过程，既有外部熵流入系统，也有内部熵产生，导致系统的熵增加。

(C) 从非平衡态出发的孤立系统通过自发过程，趋于熵极大即达到平衡态。

第 17 题：答案是 (A)。热力学第三定律是在量子意义下成立的，后三个是这一定律的等价表述。

第 18 题：答案是 (B)。这是一个绝热自由膨胀过程，因此也就是一个等内能过程，而理想气体的内能仅与温度有关，内能不变则温度不变。

解本问题容易用到 $V_1/T_1 = V_2/T_2$，而错答成 (A)，即热胀冷缩。但是，刚才的等式仅适用于定压的可逆过程，而理想气体向真空膨胀不是一个可逆过程，不能用它来求系统的末态温度。

第 19 题：答案是 (A)。这个题目不需详细计算，只需根据理想气体内能的性质就能判断。因为温度不变，所以 $\Delta U = 0$，故系统吸热全部对外做功，$A = Q$。

第 20 题：答案是 (D)。计算如下：

$$\frac{A}{Q} = \frac{p(V_2 - V_1)}{C_p(V_2 - V_1)} = \frac{\nu R(T_2 - T_1)}{\left(\frac{5}{2}\nu R + \nu R\right)(T_2 - T_1)} = \frac{2}{7}$$

第 21 题：答案是 (C)。系统的状态发生了变化，因此它的熵亦发生了改变；但由于系统与外界绝热，所以外界的熵不变，故整个体系的熵变等于系统的熵变。因为熵是一个态函数，它的变化与系统经历的实际过程无关，所以可以设计一个简单的可逆过程 (即等温过程) 来计算系统熵变，

$$\Delta S = \int_V^{2V} \frac{p\mathrm{d}V}{T} = \int_V^{2V} \frac{R\mathrm{d}V}{V} = R\ln 2$$

第 22 题：答案是 (B)。对这类问题的判断可采用排除法。首先应明确题意，"自由膨胀"指的是与外界绝热的系统向真空 (压强等于零) 膨胀，则无功和热量，即是一个等内能过程，所以 (D) 不对。接下来就要判断过程初末态温度的变化。我们知道系统的内能也就是系统的总能量，由分子的动能和分子之间相互作用势能构成。由于系统的体积增加使得分子之间的势能亦增加，而系统的内能不变，这导致分子的平均动能降低，故系统的温度减小。

第 23 题：答案是 (C)。对于此题的解答无需用公式去计算，而是利用熵是态函数的特性，即考察从同一个初态出发的系统，其经历不同的过程所达到的末态是否一样。

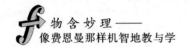
设系统初态为 (T_1, V_1)，末态为 (T_2, V_2)，由题意知 $V_2 = 3V_1$。注意到系统是一个内能仅与温度有关的理想气体，过程 (A) 是一个等内能过程，所以 $T_2 = T_1$。显然，经历过程 (B)，系统的温度不变。过程 (D) 是一个等焓过程 $(H_1 = H_2)$，$U_1 + p_1 V_1 = U_2 + p_2 V_2$，进一步有 $U(T_1) + \nu R T_1 = U(T_2) + \nu R T_2$，所以 $T_1 = T_2$。对于 (C) 而言，有理想气体的绝热过程方程：$T_1 V_1^{\gamma-1} = T_2 V_2^{\gamma-1}$，由于 $V_1 \neq V_2$，所以 $T_1 \neq T_2$。

第 24 题：答案是 (A)。可逆卡诺热机的效率为 $\eta = \dfrac{A}{Q_1} = 1 - \dfrac{T_2}{T_1}$，其取决于高温热源温度 T_1 和低温热源温度 T_2，而与工作物质无关，故 $\eta_1 = \eta_2$。系统对外做功 $A = \eta Q_1$，其中 Q_1 是系统从高温热源吸收的热量。又由于两种情况下，高温热源的温度相等，则 $A_1 = A_2$。

第 25 题：答案是 (C)。

将理想气体物态方程代入 α 和 β 的定义，即可证明 (A) 和 (B) 是正确的。

(C) 不一定。这个关系式的得到是基于一个数学原理：若三个变量满足一个约束方程，例如 $f(x, y, z) = C$，则它们之间的互相偏导数，共三个的乘积等于 -1。然而，实际气体可能存在相变而出现两相共存的情况，这时热力学自由度等于 1，例如饱和蒸汽压仅是温度的函数，即 $p_s = p_s(T)$，此时的独立变量仅有一个，就无三变量循环偏导数关系。

(D) 假设一个均匀物质的物态方程为 $V = V(T, p)$，对其进行全微分并代入 α 和 κ 的定义式，有

$$dV = \left(\frac{\partial V}{\partial T}\right)_p dT + \left(\frac{\partial V}{\partial p}\right)_T dp = \alpha V dT - \kappa V dp$$

可见，κ 可用来描写由于压强变化所带来体积膨胀或压缩的那一部分。

第 26 题：答案是 (C)。测量一个样品的热容量就是考察它的吸热本领，简单来说，待测物质作为研究系统，保持它压强恒定比体积不变容易，例如与外界相连就可保持一个大气压。所以人们常说，实验上测定压热容量而理论上推导定容热容量。

第 27 题：答案是 (D)。因为 $H = U + pV = U(T) + \nu RT$。然而，理想气体的熵并不仅依赖于温度。现在计算态 (T, V) 的熵，为了达到这一状态，从已知态 (T_0, V_0) 出发，经过一个可逆过程而达到该态，利用 $\mathrm{d}S = (\mathrm{d}Q + p\mathrm{d}V)/T = \dfrac{C_V \mathrm{d}T}{T} + \nu R \dfrac{\mathrm{d}V}{V}$，积分得

$$S = S_0 + \int_{T_0}^{T} \frac{C_V \mathrm{d}T}{T} + \nu R \ln\left(\frac{V}{V_0}\right)$$

并且，自由能 $F = U - TS$ 和吉布斯函数 $G = U - TS + pV$ 也与体积有关。

第 28 题：答案是 (B)。注意在所有的判据中，在平衡态除了熵以外的其他热力学函数都达到极小，但熵趋于极大。这是因为熵是系统的无序量度，而平衡态体系具有最多的微观态，即最无序。

第 29 题：答案是 (A)。所谓特性函数是选择两个"正确"的自变量的热力学函数，这样一来，所有其他热力学函数能用特性函数及两个自变量来表示。

第 30 题：答案是 (A)。

第 31 题：答案是 (A)。其他三条都是关于信息量、不确定度和信息熵的正确表述。

第 32 题：答案是 (C)。

空腔是一个开放系统，其内的光子数不守恒，化学势等于零，进出自由。所以

$$\mathrm{d}S = \frac{\mathrm{d}U + p\mathrm{d}V}{T} = \frac{1}{T}\mathrm{d}(aT^4 V) + \frac{a}{n}T^3 \mathrm{d}V = \left(1 + \frac{1}{n}\right)aT^3 \mathrm{d}V + 4aT^2 V \mathrm{d}T$$

欲使上式成为一个恰当微分，需要 $a\left(1 + \dfrac{1}{n}\right)\left(\dfrac{\partial T^3}{\partial T}\right)_V = 4a\left(\dfrac{\partial (VT^2)}{\partial V}\right)_T$，$3(1 + 1/n) = 4$，故 $n = 3$。

第 33 题：答案是 (D)。

(A) 之所以正确，是因为当选取 U 和 V 时，熵成为一个特性函数，由于平衡态的熵极大，孤立系统从非平衡态趋向平衡态过程中熵增加。(C) 正确性的理由与 (A) 类似。

第 34 题：答案是 (D)。当外磁场增强时，分子磁矩的排列有序度增高，这相当于系统的熵减小。

第 35 题：答案是 (C)。在 p-V 图中，假如一条等温线的斜率 $(\partial p/\partial V)_T > 0$，这意味着压强变大，而系统的体积也变大，这是不被允许的。

(A) 等温线水平，代表两相共存。(B) 等温线的斜率趋于无穷大，表示系统处于固相，压强增加很大而系统的体积变化很小。

第 36 题：答案是 (C)。在临界点，能不通过二相共存而从气态过渡到液态。

第 37 题：答案是 (B)。现在计算内能 U 和熵 S，而自由能为 $F = U - TS$，定容热容量是 $C_V = \left(\dfrac{\partial U}{\partial T}\right)_V$。

把内能看作是 T 和 V 的函数，其全微分为

$$\mathrm{d}U = \left(\frac{\partial U}{\partial T}\right)_V \mathrm{d}T + \left(\frac{\partial U}{\partial V}\right)_T \mathrm{d}V = C_V \mathrm{d}T + \left(\frac{\partial U}{\partial V}\right)_T \mathrm{d}V$$

其中，等式右边后一项的偏导数由内能公式给出

$$\left(\frac{\partial U}{\partial V}\right)_T = T\left(\frac{\partial p}{\partial T}\right)_V - p$$

ν mol 范德瓦尔斯气体的物态方程：$\left(p + \dfrac{\nu^2 a}{V^2}\right)(V - \nu b) = \nu RT$，$\left(\dfrac{\partial p}{\partial T}\right)_V = \dfrac{\nu R}{V - \nu b}$，有

$$\left(\frac{\partial U}{\partial V}\right)_T = \frac{\nu^2 a}{V^2}$$

于是，内能的全微分为

$$\mathrm{d}U = C_V \mathrm{d}T + \frac{\nu^2 a}{V^2} \mathrm{d}V$$

积分得到

$$U(V,T) = \int C_V \mathrm{d}T - \frac{\nu^2 a}{V} + U_0$$

其中 U_0 是一个积分常量。此即表明范德瓦尔斯气体的内能不再只是温度的函数，还与体积有关。

现从 $T\mathrm{d}S$ 方程出发来计算范德瓦尔斯气体的熵

$$T\mathrm{d}S = C_V \mathrm{d}T + T\left(\frac{\partial p}{\partial T}\right)_V \mathrm{d}V$$

由范德瓦尔斯气体物态方程求出偏导 $\left(\dfrac{\partial p}{\partial T}\right)_V = \dfrac{\nu R}{V - \nu b}$，代入上式，有

$$\mathrm{d}S = \frac{C_V}{T}\mathrm{d}T + \frac{\nu R}{V - \nu b}\mathrm{d}V$$

积分得到

$$S = \int \frac{C_V}{T}\mathrm{d}T + \nu R \ln(V - \nu b) + S_0$$

式中 S_0 为一常量。

可见，范德瓦尔斯气体的内能、熵和自由能均与体积有关，不过，它的定容热容量在某一温度范围内可能与体积无关。

第 38 题：答案是 (A)。对某些问题可以不去详细地计算结果，而是用物理概念和已知的结论去分析。

理想气体的内能仅与温度有关，故其在等温过程中内能保持不变，即 $\Delta U = 0$；系统被压缩意味着其体积减小，则内部分子的运动的有序度增大，所以系统的熵降低，即 $\Delta S < 0$；按照自由能定义 $F = U - TS$，则在等温情况下，它的变化为 $\Delta F = \Delta U - T\Delta S > 0$。

这也符合自由能本身的含义，我们知道系统对外做功使得其本身的自由能减少，现在是系统体积减少即外界对系统做功，故系统自由能增加。

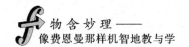

第 **39** 题：答案是 (C)。吉布斯相律中的 k 和 ϕ 分别为组元和相的数目。二元 5 相系意味着 $k = 2$，$\phi = 5$，从而 $f = -1$，这是不被允许的。(D) 是正确的，虽然目前我们不能严格地证明它，但可以就几个简单的多面体来证实这个结论，例如：锥体——4 个面、6 条边、4 个顶点；长方体——6 个面、12 条边、8 个顶点。

第 **40** 题：答案是 (C)。U 表示的是电池的内能，当电荷通过电池时，电池会发热，电池的内能之所以会发生变化，首先是因为电池在外电路上做功，其次是由于电池被加热。

第 **41** 题：答案是 (D)。因为原始的克拉珀龙方程不适合描写这种相变。

二级相变也称为连续相变，化学势的二阶导数不连续。虽然系统的宏观状态没有突变，但对称性发生了突变。克拉珀龙方程写作

$$\frac{\mathrm{d}p}{\mathrm{d}T} = \frac{\Delta s}{\Delta v}$$

对于二级相变，$\Delta s = 0$ 和 $\Delta v = 0$，以上方程的右端成为不确定型，而数学的洛必达法则告诉我们，可以继续对分子和分母分别求导，直至比的结果有限为止。

第 **42** 题：答案是 (D)。化学势 μ 等于广延量吉布斯函数 G 除以广延量粒子数 N，即 $\mu = G/N$，故它是一个强度量。

第 **43** 题：答案是 (A)。预报下雨概率为 10%，亦即不下雨的概率为 90%，这比预报下雨概率为 80% 更加肯定。

第 **44** 题：答案是 (B)。将克劳修斯不等式运用于孤立系统经过一个有限的不可逆过程，即可得出：$\Delta S \geqslant 0$。

(A) 开尔文建立了热力学温标，提出了热力学第二定律的一种表述；(C) 卡诺建立了卡诺循环和卡诺定理；(D) 能量的单位是以他的名字来命名的。

第 **45** 题：答案为 (B)。这一原理系吉布斯提出的，其内容是：在可逆过程中系统对外做功最大。

第 46 题：答案是 (D)。题目的含义是热力学过程是不可逆的，虽然单个分子的运动是可逆的，而由大量分子组成的宏观系统的行为却是不可逆的。

(A) 每个粒子的运动方程遵守牛顿定律，其满足时间反演不变性，即对于牛顿第二定律：$m_i\mathrm{d}^2x_i/\mathrm{d}t^2 = F_i$，进行时间反演 $t \to -t$，方程的形式保持不变。

第 47 题：答案是 (D)。(C) 存在绝对熵一定是量子意义上的，因为其发生在 $T \to 0\mathrm{K}$ 极限。

第 48 题：答案是 (B)。麦克斯韦妖 (Maxwell's demon) 通过开启和关闭一个小门来完成一项工作：允许动能小于平均分子动能的分子从 A 到 B，而位于 B 处的分子仅当它的动能超过平均动能才可以到达 A 处。

(A) 引入吉布斯修正因子，其目的在于消除全同粒子由于不同的组合所引发的微观态数增多的问题，同时还保证了近独立近似下体系的热力学函数为广延量。

(D) 所谓近独立近似有一个重要性质：不考虑组成气体的分子的相互作用，显然这不符合实际气体的特点。这个表述本身还是正确的，但与驱赶麦克斯韦妖无联系。

第 49 题：答案是 (C)。熵的英文单词是 "entropy"，来源于希腊词 "en+ trpein"，意思是 "转变"。1923 年，普朗克来中国南京讲学，著名物理学家胡刚复教授为其翻译，首次将 "entropy" 译为 "熵"。胡刚复之所以这样译，是因为他依据公式 $\mathrm{d}S = \mathrm{d}Q/T$，认为 "$S$" 为热量与温度之商，而且此概念与热有关，于是在商字加上火字旁，构成一个新字 "熵"。从此，entropy 就有了中文名：熵。

其他三个表述也是正确的，反映了熵的性质，但并不是该词原来的意思。

第 50 题：答案是 (C)。

第10章 有费恩曼那盏灯，物理人不会感觉近黄昏（结语）

诺贝尔物理学奖获得者、教师的教师费恩曼先生的生命体空间已经关闭了30年，但他的思想光辉在时间长河中永远闪耀。

"物含妙理"这本伟大的"书"包含了数不尽的章节。我们从 Physics 最初的音译名即"格致"出发，探究事物的道理并加以应用。但它不会有最后的一章，因为随着每个老问题得到了解决，新问题又产生了。同时，像费恩曼那样实践"教学相长"与"科教融合"，也是一个长久的话题。撸起袖子且巧干，比空谈闲话强好几个量级。

毋庸讳言，费恩曼先生也有他的另外一个方面：过于表现、富有攻击性、缺乏尊重(有时让人不舒服)与合作。关于最后一点，正如诺贝尔物理学奖得主盖尔曼先生所言："他过分强调'你'和'我'，而不是'我们'。"另从经典之作：The Feynman Lectures on Physics (Volumes Ⅰ, Ⅱ and Ⅲ) 的冠名，也可以看出端倪，虽然这有点不符合合作出书的惯例，但是它却流芳百世。当然了，还有当他心中的那盏灯 (第一任妻子阿琳) 熄灭了之后的一段时间内，他意志消沉表现得又像常人一般。

不过，当面对广大学生时，费恩曼才会低下他那高昂的头，这可以在《费恩曼物理学讲义 (第 3 卷)》的末尾，他写的结束语中看出："对你们中已经听懂所有内容的两到三成人，我可以说，我并没有做什么事，只不过把这些内容告诉了你们。对于其他的人，如果我使你们憎恨这门学科，那我感到抱歉。我以前从未教过基础物理，我向你们表示歉意。我只希望我没有给你们带来过多的麻烦，而且不希望你们离开这个令人激动的事业。"

费恩曼不是一个高产的作者 (一生仅发表 48 篇学术论文)。他不信奉"不发表，就出局"的潜规则，所看重的是他自己在解决问题的过程中的那种愉快，而不介意别人是否捷足先登。但是，请记住这位"鬼才"以下的十大杰出贡献吧：

一、**费恩曼物理学讲义**(1965 年)

二、**弱相互作用理论**(1958 年)

三、**路径积分**(1948 年)

四、**费恩曼图**(1962 年)

五、**部分子模型**(1968 年)

六、**超流问题**(1957 年)

七、**量子引力理论**(1962 年)

八、**辐射的相互作用理论**(1945 年)

九、**"曼哈顿计划"**(1945 年)

十、**多学科和社会贡献**(1945—1986 年)

特别值得提出的是，费恩曼先生在基础物理教育上的投入是无与伦比的。并且，他为莘莘学子提出了忠告，让物理人永远不会感觉近黄昏! 物理学依旧具有活力，而传授它的老师的知识结构里应流淌着新鲜的血液。我们今天隆重纪念费恩曼先生，是因为他的科研与教学风格弥显珍贵，尤其体现在他知识丰富、正直幽默、热爱学生、有弄清任何问题秘密的迫切愿望。其中的第三点更加令人欣赏，这有据可查，费恩曼对他的秘书海伦·塔克下了一个无条件的命令："只要是想见我的学生，我都可以见。"

表 10.1 列出了费恩曼认为学习物理有五个方面的理由。在他看来，科学首先是一种认识世界的思想方法，学习科学不只是学到知识，更重要的是学会科学创造的精神和探索未知领域的方法。看到此表，如果你是一位爱好物理学的年轻人，那么你将信心满满；如果您是一位物理教师，那么期盼您从中悟出"教学之道"。

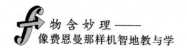

表 10.1　费恩曼认为学习物理有五个方面的理由

第一	为了学会怎样动手做测量和计算，及其在各方面的应用；
第二	培养科学家，他们不仅致力于工业的发展，而且贡献于人类知识的进步；
第三	认识自然界的美妙，感受世界的稳定性和实在性；
第四	学习怎样由未知到已知的、科学的求知方法；
第五	通过尝试和纠错，学会一种有普遍意义的自由探索的创造精神。

　　亲爱的读者，此时此刻的你(您)也许"批判性"地读完了本书，还记得王菲和那英在央视 2018 年春节联欢晚会上合唱的那首动听的歌曲吗？——《岁月》。但愿费恩曼先生能够成为你(您)心中的那盏不灭的"科教之灯"。这从《费恩曼物理学讲义(第 3 卷)》最后一页的最后一行，他所说的最后一句话中得到印证：

　　你或许不仅会对这种文化有所了解，甚至还可能想要加入这一人类心智早已开始了的最伟大的冒险中来。

　　诚然，物理学属于这种文化！伟大的冒险也指向物理学！！

参考文献

[1] 詹姆斯·格雷克. 费曼传 [M]. 黄小玲, 译. 北京: 高等教育出版社, 2004. *

[2] 费恩曼, 莱顿, 桑兹. 费恩曼物理学讲义 (第 1 卷) [M]. 郑永令, 华宏鸣, 吴子仪, 等译. 上海: 上海科学技术出版社, 2006.

[3] 费恩曼, 莱顿, 桑兹. 费恩曼物理学讲义 (第 2 卷) [M]. 李洪芳, 王子辅, 钟万蘅, 译. 上海: 上海科学技术出版社, 2005.

[4] 费恩曼, 莱顿, 桑兹. 费恩曼物理学讲义 (第 3 卷) [M]. 潘笃武, 李洪芳, 译. 上海: 上海科学技术出版社, 2005.

[5] R. P. 费曼, R. 莱顿. 别逗了, 费曼先生 [M]. 王祖哲, 译. 长沙: 湖南科学技术出版社, 2013.

[6] R. P. 费曼. 物理定律的本性 [M]. 关洪, 译. 长沙: 湖南科学技术出版社, 2013.

[7] R. P. 费曼. QED: 光和物质的奇妙理论 [M]. 张钟静, 译. 长沙: 湖南科学技术出版社, 2012.

[8] R. P. 费曼. 费曼讲演录: 一个平民科学家的思想 [M]. 王文浩, 译. 长沙: 湖南科学技术出版社, 2012.

[9] R. P. 费曼. 费曼讲物理 相对论 [M]. 周国荣, 译. 长沙: 湖南科学技术出版社, 2004.

---

* 我国著名理论物理学家郝柏林院士于 2018 年 3 月 7 日在北京不幸逝世。郝柏林先生为《费曼传》(费恩曼曾译为费曼) 作序推荐, 为深切缅怀郝先生, 这里摘抄他亲自写的序言中的一段话:"费曼是现代理论物理学发展的一位颇有传奇性的人物。他才华横溢, 放荡不羁, 既作出像'费曼图''费曼连续积分'这样的不朽贡献, 也留下许多趣闻轶事。原版超过 500 页的《费曼传》一书是费曼个人和科学生活的大传。从学校生活到婚恋变化, 从原子弹任务中的小兵到量子电动力学的大师, 书中都有堪称精彩的叙述。"

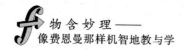

[10] R. P. 费曼. 费曼讲物理 入门 [M]. 黄克诚, 译. 长沙: 湖南科学技术出版社, 2004.

[11] BAO J D, ZHUO Y Z, WU X Z. Path-integral Monte-Carlo approach to quantum decay rate with coordinate-dependent friction [J]. Phys. Lett. B, 1994, 327: 1.

[12] BAO J D, ZHUO Y Z, WU X Z. Variational path-integral approach to a nonlinear open system [J]. Phys. Rev. E, 1995, 52: 5656.

[13] 包景东. 费恩曼风格在物理教学中的现实意义 [J]. 大学物理, 1995, 34: 1.

[14] FEYNAMN R P. Forces in molecules [J]. Phys. Rev., 1939, 56: 340-343.

[15] 郭奕玲, 沈慧君. 诺贝尔物理学奖 (1901—1998) [M]. 北京: 高等教育出版社, 2008.

[16] 弗兰克·维尔切克. 奇妙的现实 [M]. 丁亦兵, 乔从丰, 任德龙, 等译. 北京: 科学出版社, 2010.

[17] J. F. 斯科特. 数学史 [M]. 侯德润, 张兰, 译. 桂林: 广西师范大学出版社, 2002.

[18] 詹姆斯·格雷克. 牛顿传 [M]. 吴铮, 译. 北京: 高等教育出版社, 2004.

[19] A. 弗尔辛. 爱因斯坦传 [M]. 薛春志, 遥遥, 译. 长春: 时代文艺出版社, 1998.

[20] 董毓. 批判性思维原理和方法 —— 走向新的认识和实践 [M]. 北京: 高等教育出版社, 2012.

[21] 包景东. 格物致理 —— 批判性科学思维 [M]. 北京: 科学出版社, 2014.

[22] 罗杰·G.牛顿. 探求万物之理 [M]. 李香莲, 译, 杨建邺, 校. 上海科技教育出版社, 2000.

[23] BAO J D, ZHOU Y. Comment on "Diffusion on a solid surface: anomalous is normal" [J]. Phys. Rev. Lett., 2005, 94: 188901.

[24] ZHOU Y, BAO J D. Time-dependent diffusion in a random correlated potential [J]. Phys. Rev. E, 2006, 73: 031103.

[25] 赵凯华, 罗蔚菌. 新概念物理教程 力学 [M]. 北京: 高等教育出版社, 2004.

[26] 姜·范恩. 热的简史 [M]. 李乃信, 译. 北京: 东方出版社, 2009.

[27] ASHLEY H C. Classical and statistical thermodynamics [M]. 北京: 清华大学出版社, 2007.

[28] 漆安慎, 杜婵英, 包景东. 普通物理学教程 力学 [M]. 3 版. 北京: 高等教育出版社, 2012.

[29] 杨建邺. 上帝与天才的游戏 量子力学史话 [M]. 北京: 商务印书馆, 2017.

[30] 林宗涵. 热力学与统计物理学 [M]. 北京: 北京大学出版社, 2007.

[31] 苏汝铿. 统计物理 [M]. 2 版. 北京: 高等教育出版社, 2004.

[32] 梁希侠, 班士良. 统计热力学 [M]. 3 版. 北京: 科学出版社, 2016.

[33] 汪志诚. 热力学·统计物理 [M]. 5 版. 北京: 高等教育出版社, 2013.

[34] 曹列兆, 周子舫. 热学热力学与统计物理 (上册) [M]. 北京: 科学出版社, 2008.

[35] 胡承正. 热力学与统计物理学 [M]. 北京: 科学出版社, 2009.

[36] 赵凯华, 罗蔚茵. 新概念物理教程 热学 [M]. 2 版. 北京: 高等教育出版社, 2005.

[37] 李椿, 章立源, 钱尚武. 热学 [M]. 2 版. 北京: 高等教育出版社, 2008.

[38] 刘玉鑫. 热学 [M]. 北京: 北京大学出版社, 2016.

[39] JARZYNSKI C. Nonequilibrium equality for free energy difference [J]. Phys. Rev. Lett., 1997, 78: 2690; Equilibrium free-energy difference from nonequilibrium measurements: a master-equilibrium approach [J]. Phys. Rev, E, 1997, 56: 5018.

[40] CROOKS G E. Entropy production fluctuation theorem and the nonequilibrium work relation for free energy diference [J]. Phys. Rev. E, 1999, 60: 2721.

[41] 钱伯初, 曾谨言. 费恩曼–赫尔曼定理在教学中的应用 [J]. 大学物理, 1986, 1(3): 1-4.

[42] 朗道, 栗弗席兹. 量子力学: 非相对论理论 [M]. 严肃, 译, 喀兴林, 校. 北京: 高等教育出版社, 2008.

[43] 包景东. 热力学与统计物理简明教程 [M]. 北京: 高等教育出版社, 2011.

[44] FEYNMAN R P, KLEINERT H. Effective classical partition functions [J]. Phys. Rev. A, 1986, 34: 5080.

[45] 包景东. 经典和量子耗散系统的随机模拟方法 [M]. 北京: 科学出版社, 2009.

[46] FEYNMAN R P. Space-time approach to non-relative quantum mechanics [J]. Rev. Mod. Phys., 1948, 20: 367.

[47] FEYNMAN R P, HIBBS A R. Quantum mechanics and path integrals [M]. New York: McGraw Hill, 1965.

[48] FEYNMAN R P. Statistical mechanics [M]. Reading: Benjamin, 1972.

[49] KLEINERT H. Path integrals in quantum mechanics, statistics and polymer physics[M]. 2nd ed. Singapore: World Scientific, 1995.

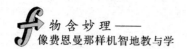
[50] MAGNASCO M O, STOLOVITZKY G. Feynman's ratchet and paw [J]. J. Stat. Phys., 1998, 93: 615.

[51] REIMANN P. Brownian motors: noisy transport far from equilibrium [J]. Physics Reports, 2002, 361: 57-265.

[52] HÄNGGI P, MARCHESONI F. Artificial brownian motors: controlling transport on the nanoscale [J]. Rev. Mod. Phys., 2009, 81: 387.

[53] 黄安平，张新江，王文玲，等. 费恩曼与量子计算机 [J]. 大学物理. 2018, 37(5): 14.

笔者就少许专门内容参考了科学网邢志忠研究员、施郁教授、程鹗教授、刘全惠教授等的博文，一并致谢。

另外，书中的一些公开图片是从互联网下载的，其他的除特别标明外均系本书的作品。